Food Sanitation Manager Examination

최신 식품위생관리사시험
예상문제집

식품위생관리사시험 편찬위원회 編

光文閣
www.kwangmoonkag.co.kr

머리말

식품에 대한 관심은 건강과 영양관리에 대한 지식의 공유로 정보화의 급속한 진전과 함께 빠르고 다양하게 변화를 거듭하고 있다.

특히 식생활의 다양화와 단체급식 조리에 따른 식품의 위생관리에 대한 문제는 식품 재료의 안전 공급, 유통, 조리, 개인위생 및 식중독과 식품가공업을 중심으로 도입되어 식품 전반에 걸쳐 시행되고 있는 HACCP의 제반 문제점과 함께 관심이 집중되고 있는 것이 현실이다.

특히 최근에는 식품의 대량생산, 그리고 유통기구의 확대로 감염병, 식중독, 식품첨가물 환경오염 등과 함께 안전하고 위생적인 조리, 특히 다량조리에 대한 관심이 증폭되고 있다

식품의 안전관리 기반이 미비한 현실에 비추어 안전하고 질 좋은 식생활의 영위는 우리들의 소망이 될 수밖에 없다. 식품의 안전관리는 이에 비추어 꾸준한 연구와 교육의 여부에 따라 좌우될 수 있으며 이를 위해 식품위생관리는 간과할 수 없는 문제인 것이라 확신한다.

이 책은 식품위생관리 분야의 시험을 준비하는 모든 사람에게 응용될 수 있는 문제를 망라하여 기초적인 측면에서부터 전문적인 분야와 아울러 학교나 식품 관련 현장하에서 실제적으로 응용 및 활용할 수 있는 것을 문제화하여 해설과 함께 기술하였다.

단체급식 현장이나 식품 제조, 가공, 조리 등의 실무에서 종사하는 전문인이나 호텔조리, 식품영양학, 식품가공학, 가정학, 그리고 농학의 각

분야에서 공부하는 학생들의 수험용 교재 또는 참고서로서 도움이 되었으면 한다.

식품위생에 대한 분야가 워낙 다양하고 광범위한데다가 자료도 시시각각 증보되다 보니 미처 부족한 곳이 많으리라 생각되며, 이 점 계속 보완하여 계속 개정해 나아갈 것이다.

끝으로 이 책을 발간하는데 물심양면 도와주신 광문각 박정태 사장님을 비롯한 여러분과 특히 편집을 도와주신 편집부 여러분에게 감사의 말씀을 드린다.

저자 일동

contents

식품위생학

문제 및 해설

CHAPTER 01

01 식품의 위생학

1. 식품시설에 대한 설명 중 잘못된 것은?

① 건물의 벽은 바닥과 직각을 이루도록 하여야 한다.
② 건물의 자재는 식품에 나쁜 영향을 주지 않아야 한다.
③ 건물의 구조는 식품의 특성에 따라 환기가 잘 되어야 한다.
④ 건물의 구조는 식품의 특성에 따라 적정 온도가 유지되어야 한다.
⑤ 건물의 위치는 오염 물질 발생원으로부터 나쁜 영향을 주지 않는 거리에 있어야 한다.

2. 식품 제조 작업장에 대한 설명 중 바르지 못한 것은?

① 작업장은 독립된 것이 좋다.
② 작업장의 천장은 표면이 거칠어야 한다.
③ 작업장은 공정별로 분리 또는 구획되어야 한다.
④ 작업장의 바닥은 콘크리트 등으로 내수처리를 해야 한다.
⑤ 작업장은 제조 · 가공 외의 용도로 사용되는 시설과 분리되어야 한다.

3. 식품 제조, 가공 작업장의 내벽은 바닥에서 얼마까지 내수설비를 하여야하는가?

① 1.5m   ② 2.5m   ③ 3.5m   ④ 4.5m   ⑤ 5.5m

　❍ 내벽은 바닥으로부터 1.5m까지 밝은 색의 내수성으로 설비하거나 세균 방지용 페인트로 도색하여야 한다.

4. 식품 제조시설에서 지하수 등을 사용할 때 취수원은 오염 우려 장소로부터 일정한 거리에 위치하여야 한다. 일정한 거리는?

① 5m 이상   ② 10m 이상   ③ 20m 이상   ④ 30m 이상   ⑤ 50m 이상

　❍ 취수원은 화장실 · 폐기물처리 시설 · 동물사육장, 기타 지하수가 오염될 우려가 있는 장소로부터 20m 이상 떨어진 곳에 위치하여야 한다.

답 1.① 2.② 3.① 4.③

5. 식품의 위생관리와 관련성이 없는 것은?

　① 철저하게 조리할 것
　② 조리된 음식을 즉시 먹을 것
　③ 조리된 음식을 조심해서 저장할 것
　④ 조리에 사용하는 물은 크레졸 소독할 것
　⑤ 한 번 조리된 식품은 철저히 재가열할 것

6. 유흥주점 영업의 경우 조명의 밝기는?

　① 5 Lux 이상　　　　② 10 Lux 이상　　　　③ 20 Lux 이상
　④ 30 Lux 이상　　　　⑤ 40 Lux 이상

　➡ 유흥주점의 조명 밝기 - 10 Lux 이상이어야 한다.

7. 식품 접객업소 조리장의 조명의 밝기는?

　① 10 Lux 이상　　　　② 20 Lux 이상　　　　③ 30 Lux 이상
　④ 40 Lux 이상　　　　⑤ 50 Lux 이상

　➡ 조리장의 조명 밝기 - 50 Lux 이상이어야 한다.

8. 다음 중 설명이 잘못된 것은?

　① 휴게음식점에는 객실을 둘 수 없다.
　② 일반 음식점의 객석에는 잠금장치를 설치할 수 없다.
　③ 일반 음식점의 객실 안에는 무대장치 시설을 설치해서는 안 된다.
　④ 일반 음식점의 영업장에는 손님이 이용할 수 있는 자동 반주 장치를 설치할 수 있다.
　⑤ 휴게음식점 영업장에는 손님이 이용할 수 있는 자막용 영상 장치를 설치해서는 안 된다.

9. 휴게음식점 영업에서 객석에는 칸막이를 설치할 수 있다. 일정한 높이는?

　① 1.0m　　　② 1.5m　　　③ 2m　　　④ 2.5m　　　⑤ 3m

　➡ 객석에는 높이 1.5m 미만의 칸막이(이동식 또는 고정식)를 설치할 수 있다. 이 경우 2면 이상을 완전히 차단하지 아니하여야 하고, 다른 객석에서 내부가 서로 보이도록 하여야 한다.

답 5.④　6.②　7.⑤　8.④　9.②

10. 단란주점 영업 시설에 대한 설명 중 잘못된 것은?

① 객실에는 잠금장치를 설치할 수 있다.
② 영업장 안에 객실을 설치하고자 하는 경우 기준에 적합해야 한다.
③ 영업장 안에 칸막이를 설치하고자 하는 경우 기준에 적합해야 한다.
④ 객실로 설치할 수 있는 면적은 객석 면적의 1/2를 초과할 수 없다.
⑤ 칸막이를 설치할 경우 다른 객석에서 내부가 보이도록 하여야 한다.

❍ 단란주점 영업 : 객실은 내부가 보이도록 투명유리로 설비, 통로 형태·복도 형태 설비는 아니 된다. 객실면적은 객석 면적의 2분의 1을 초과할 수 없고, 높이 1.5m 미만의 칸막이를 설치할 수 있다.

11. 음용수의 경우 검사 결과 부적합 판정을 받은 경우 취해야 할 사항은?

① 사용을 금지한다.   ② 재검사를 요청한다.
③ 살균 처리하여 사용한다.   ④ 그대로 사용한다.
⑤ 끓여서 사용한다.

❍ 용수관리에서 검사 결과 음용에 부적합 판정을 받은 경우에는 사용을 금지한다.

12. 먹는 물 수질기준 및 검사에 의한 규정 중 전 항목의 검사 기간은?

① 1년   ② 2년   ③ 3년   ④ 4년   ⑤ 5년

❍ 조리 또는 음용수로 사용되는 물은 적합한 물이 사용되어야 한다. 지하수 – 연 1회(정수처리 시스템 설치)

13. 접객용 음용수에 대한 규격 중 대장균의 기준은?

① 양성/50㎖   ② 양성/100㎖   ③ 음성/50㎖   ④ 음성/150㎖   ⑤ 음성/250㎖

❍ 접객용 음용수 규격 중 대장균의 기준은 음성 / 250㎖이다.

14. 식품 접객업소의 조리 판매 식품 등에 대한 미생물 권장 규격 중 냉면 육수의 권장 보존 기한은?

① 1일 0℃ 이하   ② 1일 5℃ 이하
③ 1일 10℃ 이하   ④ 2일 0℃ 이하
⑤ 2일 5℃ 이하

❍ 냉면 육수의 권장 보존 기한은 1일 10℃ 이하이다.

답 10.① 11.① 12.① 13.⑤ 14.③

15. 식품 제조·가공업소에서 사용하는 쓰레기통에 대한 설명 중 잘못된 것은?

① 흡습성이 없어야 한다.
② 내구성이 있어야 한다.
③ 파손된 부분이 없어야 한다.
④ 색깔이 아름다운 것이어야 한다.
⑤ 주방의 오염에 주의해야 한다.

◐ 쓰레기통 및 잔반 수거 통은 흡수성이 없으며 단단하고 내구성이 있어야 한다.
반드시 뚜껑을 사용하며, 파손된 부분이 없는지 관리하고, 세척이나 소독 시 주방 내의 오염을 주의하여야
한다.

16. 지방자치단체 등에서 국내산 농·수·축산물의 판매 촉진 등을 위해 특정 장소에서 일정 기간 판매 등을 할 경우에는 시장·군수·구청장이 시설기준을 따로 정할 수 있다. 일정 기간은?

① 5일   ② 7일   ③ 10일   ④ 14일   ⑤ 30일

◐ 지방자치단체 등에서 국내산 농·수·축산물의 판매 촉진 등을 위해 특정 장소에서 일정 기간 판매 등을
할 경우에는 시장·군수·구청장이 시설 기준을 따로 정할 수 있는데 이 일정 기간은 14일이다.

17. 식품 제조·가공공장의 바닥에 대한 설명 중 틀린 것은?

① 내수처리가 되어야 한다.   ② 미끄럽지 않아야 된다.
③ 패어 있지 않아야 한다.   ④ 물의 흡수가 잘되어야 한다.
⑤ 배수가 잘되어야 한다.

◐ 바닥은 내수처리가 되어 있고 미끄러지지 않는 재질이어야 하고, 파여 있거나 물이 고이지 않도록 적장
한 구배(1m당 1.5~2.0cm)를 이루어 배수가 원활하게 이루어져야 한다.

18. 식품 제조·가공공장의 바닥은 배수를 위하여 구배를 두어야 한다. 1m당 구배는?

① 1.5~2.0cm   ② 2.0~5.0cm   ③ 5.0~8.0cm
④ 7.0~10.0cm   ⑤ 8.0~12.0cm

◐ 적당한 구배는 1m당 1.5~2.0cm를 이루어야 한다.

답 15.④ 16.④ 17.④ 18.①

19. 식품 제조 · 가공공장에서는 해충의 침입을 방지하기 위하여 방충망을 설치해야 하는데 어느 정도가 적합한가?

① 10 mesh   ② 20 mesh   ③ 30 mesh   ④ 40 mesh   ⑤ 50 mesh

  ◐ 창틀/창문은 구배가 있는 것이 좋으며, 조리장 내에 창문은 가급적 고정식이나 밀폐식으로 하고 개폐식의 경우에는 반드시 방충망(30 mesh)을 설치하여야 한다.

20. 조리장 내의 창문은?

① 고정식이 좋다.
② 밀폐식이 좋다.
③ 고정식과 밀폐식 모두 사용할 수 있다.
④ 고정식과 밀폐식 모두 사용하면 안 된다.
⑤ 반드시 개폐식이여야 한다.

  ◐ 조리장 내 창문은 가급적 고정식이나 밀폐식으로 하고 개폐식의 경우에는 반드시 방충망을 설치하여야 한다.

21. 식품 제조 · 가공공장에서의 창문은 창틀과 어느 정도의 경사각을 유지하는 것이 좋다. 적당한 경사각은?

① 10°   ② 20°   ③ 30°   ④ 40°   ⑤ 45°

  ◐ 창문과 창틀의 적당한 경사각은 45°이다.

22. 식품 제조 · 가공업체에서는 환기시설을 갖추고 정기적으로 분해하여 퇴적물 등을 제거하여 위생적으로 관리해야 한다. 기간과 횟수는?

① 1개월, 1회   ② 1개월, 2회
③ 2개월, 1회   ④ 2개월, 2회   ⑤ 3개월, 1회

  ◐ 환기시설은 2개월에 1회 정기적으로 퇴적물 등을 제거하기 위하여 청소를 해야 한다.

23. 식품 제조 · 가공업체에서는 적절한 밝기의 조명시설을 설치하여야 한다. 조명의 밝기는?

① 10 Lux 이상   ② 20 Lux 이상   ③ 30 Lux 이상
④ 50 Lux 이상   ⑤ 100 Lux 이상

  ◐ 채광 및 조명은 적절하게 설치되어야 한다. (100 Lux 이상)

답   19.③   20.③   21.⑤   22.③   23.⑤

24. 다음은 조리 공정의 전처리에 관한 설명이다. 설명이 잘못된 것은?

① 실온에서 3시간 이상 수행하지 않는다.
② 전처리 중에는 다른 일을 하지 않는다.
③ 식품을 조리 중간 중간에 소독을 실시한다.
④ 식품을 오염된 손으로 만지지 않는다.
⑤ 식품을 바닥에 방치하지 말아야 한다.

◑ 전처리 과정 – 실온에서 3시간 이상 수행하지 않아야 하고 전처리 중에는 다른 일을 하지 않는다. 작업 순서를 정하여 작업하고, 가능한 손의 접촉을 막고 적정 높이의 선반을 이용하여 바닥에 방치되는 일이 없도록 한다.

25. 조리에 대한 설명 중 잘못된 것은?

① 가능하면 많은 양을 한 번에 조리한다.
② 실온에서 2시간 이상 방치하지 않도록 한다.
③ 조리 작업을 할 때에는 반드시 위생장갑을 착용한다.
④ 조리를 할 때는 자주 저어서 음식의 온도가 균일하게 되도록 한다.
⑤ 차가운 음식을 조리할 때는 냉장된 재료를 사용하고 즉시 냉장 보관한다.

◑ 조리 과정 – 실온에서 2시간 이상 방치하지 않는다. 재료는 사용 후 즉시 냉장 보관, 반드시 위생장갑을 착용하고 충분히 가열한다. 자주 저어서 온도가 균일하게 되도록 하고 조리된 음식은 속히 냉각시킨다.

26. 조리 후 재가열을 할 경우 요구되는 알맞은 온도는?

① 10℃ 이상　　② 50℃ 이상　　③ 60℃ 이상　　④ 70℃ 이상　　⑤ 75℃ 이상

◑ 조리 후 재가열을 할 경우에는 75℃ 이상으로 2시간 이내에 속히 가열하고, 65℃ 이상으로 유지한다.

27. 조리된 음식물을 배식할 때까지 잠시 보관이 필요할 경우에 안전하게 보관되어야 한다. 적당한 조건은?

① 보냉 5℃ 이하, 보온 10~20℃
② 보냉 5℃ 이하, 보온 20~30℃
③ 보냉 10℃ 이하, 보온 30~40℃
④ 보냉 10℃ 이하, 보온 50~60℃
⑤ 보냉 10℃ 이하, 보온 60~70℃

◑ 조리 후 잠시 냉장고에 보관할 때에는 보냉 10℃ 이하, 보온 60~70℃가 되도록 관리하며, 1일 2회 온도를 점검하여 내용을 기록한다.

답　24.③　25.①　26.⑤　27.⑤

28. 음식물을 조리한 후 최소한 몇 시간 이내에 급식을 실시하여야 하는가?

① 1시간 이내   ② 2시간 이내   ③ 3시간 이내
④ 4시간 이내   ⑤ 5시간 이내

◐ 조리 후 2시간 이내에 배식을 완료하여야 한다.

29. 배식을 할 때 밥의 배식 점검 온도는?

① 40℃   ② 50℃   ③ 60℃   ④ 70℃   ⑤ 80℃

30. 일반적으로 국의 배식 적정 온도는?

① 25℃   ② 35℃   ③ 45℃   ④ 55℃   ⑤ 65℃

◐ 배식 전에는 반드시 검식을 하여 조리 상태를 확인하는데, 국의 배식 적정 온도는 65℃, 밥은 80℃, 찌게는 85℃, 조림은 50℃, 찬 음식은 5℃, 음용수·차는 65℃이다.

31. 보존식에 대한 다음 설명 중 잘못된 것은?

① 6일간 냉동 보관한다.
② 종류별로 1인분 분량을 채취한다.
③ 보존식 용기 및 기구의 청결을 유지한다.
④ 채취 일자, 끼니, 폐기 일자를 표기하여 관리한다.
⑤ 보존식은 음식을 다음에 식용하기 위해 보관하는 것이다.

◐ 보존식 : 조리 직후 매끼마다 제공된 음식을 전용의 용기에 종류별로 1일분 분량을 −18℃ 이하에서 144시간 이상, 채취 일자·배식 시기·폐기 일자를 표기하여 관리한다. 용기 및 채취 기구는 청결을 유지하고 검사를 실시하고 결과를 기록·관리한다.

32. 배식에 대하여 바르게 설명한 것은?

① 조리 후 2시간 이상 지나서 배식한다.
② 배식용 기구는 소독할 필요가 없다.
③ 배식은 맨손으로 음식을 직접 담아야 한다.
④ 배식 시간 동안 적정 온도가 유지되도록 한다.
⑤ 배식 후 남은 잔반은 다음에 사용하도록 잘 보관해야 한다.

◐ 배식 : 위생장갑·청결한 도구 사용, 조리 후 2시간 이내 배식, 적정 온도 유지, 배식 후 남은 음식물은 폐기, 승강기는 1일 1회 이상 내부를 청소하도록 한다.

답 28.②   29.⑤   30.⑤   31.⑤   32.④

33. 음식용 기구의 세척 방법에 대한 설명 중 잘못된 것은?

① 맑은 물로 세척한 경우 소독은 필요치 않다.
② 칼·도마 등은 세척 후 건조한 후 보관한다.
③ 기계 세척 시 일정한 헹굼 온도가 유지되어야 한다.
④ 세척 후 용기가 젖은 상태로 겹쳐 놓지 않아야 한다.
⑤ 세척된 용기를 보관할 때는 이물에 오염되지 않도록 해야 한다.

　❿ 음식용 기구·용기 및 식기류를 세척할 때는 세척 및 소독 과정을 거치고 세척 후 이물이 없어야 하며, 육안으로 볼 때 청결하여야 한다. 일정 온도(83℃) 이상 유지되어야 한다.

34. 손으로 세척 작업을 할 경우에 순서가 올바른 것은?

① 세척 → 헹굼 → 소독　　　　　② 세척 → 소독 → 헹굼
③ 소독 → 헹굼 → 세척　　　　　④ 소독 → 세척 → 헹굼
⑤ 헹굼 → 세척 → 소독

　❿ 수작업에 의한 세척의 경우 세척·헹굼·소독 과정이 적절히 수행되어야 한다.

35. 식재료의 검수 방법에 대한 설명 중 잘못된 것은?

① 식재료는 도착 즉시 검수한다.
② 검수자는 검수 시 손을 청결히 해야 한다.
③ 검수 기준에 부적합한 것은 반품 처리한다.
④ 식재료는 직접 바닥에 놓아둔 상태에서 검수한다.
⑤ 검수 시 검수자는 반드시 위생장갑을 착용해야 한다.

　❿ 식재료 검수 방법 : 모든 식자재는 도착 즉시 검수를 실시하고, 반드시 위생장갑을 착용해야 하며, 검수대를 설치하여 식자재가 바닥에 닿지 않도록 해야 한다. 검수대 및 검수기구는 검수 전후 청결을 유지하도록 하고, 매 검수 시마다 검사일지에 기록하여 관리한다.

36. 검수가 끝난 식자재의 관리 방법에 대한 설명 중 올바른 것은?

① 종류와 관계없이 상온에 보관한다.　　② 종류와 관계없이 실온에 보관한다.
③ 종류에 따라 냉장, 냉동, 실온 보관한다.　④ 특별 보관의 필요성이 없다.
⑤ 검수자 재량에 따라 보관한다.

　❿ 검수가 끝난 식자재는 저장 관리 규정(첨부)에 따라 신속히 냉장·냉동·실온(상온) 등으로 보관하여야 한다.

37. 식재료의 보관에 대한 설명 중 올바른 것은?

① 유통 기한이 짧은 것부터 사용한다.
② 식재료에 대한 입고 일자 기록은 필요치 않다.
③ 식자재는 저장 관리의 규정에 따를 의무는 없다.
④ 식자재의 유효 기간은 관계없이 무시한다.
⑤ 조리 전 보관이기 때문에 특별히 청결할 필요는 없다.

○ 식재료의 보관 : 입고된 물품은 일자를 표시하고 재고 물품(선입고품)을 앞으로 배치하여 선입선출이 용이하도록 한다. 유통기한이 짧은 것부터 사용하고, 저장 관리 규정에 따라 일정한 위치에 보관·저장함으로써 관리가 쉽고 식별일 가능토록 한다. 식품과 식품이외의 것을 분리하여 보관하고, 보관의 온·습도를 매일 2회 측정하여 점검일지에 기록한다.

38. 식재료 보관에 대한 설명 중 잘못된 것은?

① 지정된 곳에 식품 보관
② 포장이 손상되지 않게 보관
③ 바닥이나 벽에 붙여 잘 보관
④ 저장고의 온·습도 관리 필요
⑤ 식품과 이외의 것을 분리하여 보관

○ 37번 참조

39. 식품을 냉장 저장할 때 유지할 온도는?

① −10℃ 이하   ② −5℃ 이하   ③ 0℃ 이하   ④ 5℃ 이하   ⑤ 10℃ 이하

○ 식품의 냉장 저장 시 유지 온도는 10℃ 이하이다.

40. 식품을 냉동 저장할 때 냉동고의 온도는?

① 0℃ 이하   ② −5℃ 이하   ③ −10℃ 이하   ④ −18℃ 이하   ⑤ −25℃ 이하

○ 식품의 냉동 저장 시 냉동고의 온도는 −18℃ 이하이다.

답 37.① 38.③ 39.⑤ 40.④

41. 냉장 · 냉동고에 대한 올바른 설명은?

① 온도계는 특별히 부착할 필요가 없다.
② 냉장 · 냉동고의 온도는 가끔씩 점검한다.
③ 냉동은 0℃, 냉장은 15℃가 유지되도록 한다.
④ 온도계는 외부에서 보기 쉬운 위치에 설치한다.
⑤ 냉장 · 냉동고 내의 온도는 구분할 필요 없이 0℃가 유지되면 된다.

❍ 냉장 · 냉동고 : 온도계는 외부에서 보기 쉬운 위치에 설치하고, 매일 오전 · 오후 각 1회 이상 냉장 · 냉동고의 온도를 확인하고 기록한다. 냉동 · 냉장시설은 가능한 오븐 등 열원 및 직사광선에서 멀리 설치하고, 문의 개폐는 신속하고 필요 최소한으로 하여야 한다. 식품 보관은 반드시 식힌 다음해야 하고, 냉동고는 −18℃ 이하, 냉장고는 10℃ 이하로 유지한다.

42. 냉장 · 냉동고에 대한 설명 중 잘못된 것은?

① 개폐는 신속하게 하여야 한다.
② 보관 방법을 확인하여 보관한다.
③ 열원 및 직사광선에서 떨어져 설치한다.
④ 조리한 식품은 즉시 냉장 · 냉동고에 넣는다.
⑤ 냉장고 내 팬 아랫부분에는 식 재료를 두지 않는다.

❍ 41번 문제 해설 참고

43. 가열 조리된 식품은 냉장고에 보관할 때의 위치는?

① 냉장실의 하부   ② 냉장실의 상부   ③ 냉장실의 중심부
④ 냉장실 위치와 무관   ⑤ 사용자의 편리에 따름

❍ 오염 방지를 위해 날음식은 냉장실의 아래쪽에, 가열조리 식품은 위쪽에 보관한다.

44. 조리에 사용하는 칼을 전처리용과 조리용으로 구분하여 사용하는 이유는?

① 미관상   ② 교차오염 방지   ③ 편의에 의하여
④ 사용상의 편리성   ⑤ 구분하여 사용할 필요성 없음

❍ 칼은 전처리용(육류, 어패류, 채소용)과 조리용(가열식품용, 생채소류, 생어패류)으로 구분하여 전용으로 사용한다. (교차오염 방지)

답 41.④ 42.④ 43.② 44.②

45. 조리에 사용한 칼의 보관 방법은?

① 세척→ 소독 없이 열탕 보관　　② 세척→ 소독 후 냉동고 보관
③ 세척→ 소독 없이 냉장고 보관　　④ 세척→ 소독 후 실온 보관
⑤ 세척→ 소독 후 자외선 살균기 보관

　◎ 사용 후에는 세척 및 소독을 실시하여 자외선 소독고에 보관한다.

46. 조리에 사용하는 도마에 대한 설명 중 틀린 것은?

① 교차오염에 주의하여야 한다.
② 나무 재질의 도마는 사용을 금한다.
③ 사용 후에는 마른걸레로 닦아둔다.
④ 사용 후 자외선 살균기에 건조 보관한다.
⑤ 전처리용과 조리용으로 구분하여 사용한다.

　◎ 나무로 만든 도마는 위생상 부적당함으로 사용을 금하고, 전처리용과 조리용으로 구분하여 사용해 교차
오염을 막고, 사용 후에는 세척 및 소독을 실시하여 겹치지 않도록 세워서 자외선 소독고에 건조 보관한다.

47. 식품에 사용되는 행주에 대한 설명 중 잘못된 것은?

① 보관은 깨끗한 용기에 담아둠　　② 셀룰로이드 재질의 행주 사용
③ 주방 청소 시는 주황색을 사용　　④ 식탁을 닦을 때는 붉은색을 사용
⑤ 조리 · 배식 작업대를 닦을 때는 흰색을 사용

　◎ 행주는 건조가 빠른 셀룰로이드 재질을 사용, 용도별로 색 등으로 구분하여 사용하는데 조리, 배식 작업, 식
기류를 닦을 때 : 흰색, 식탁 등을 닦을 때 : 노란색, 주방 청소 시 : 주황색을 사용한다. 보관 시에는 깨끗한 용
기에 담아두고, 사용한 행주는 매일 끓는 물에 각 용도별로 별도로 삶아 소독하고, 완전 건조하여 자외선 소독
고에 보관한다.

48. 조리용 재료를 전처리할 때 착용하는 고무장갑의 색깔은?

① 노란색　　　② 붉은색　　　③ 갈색　　　④ 흰색　　　⑤ 검정색

　◎ 전처리용 고무장갑은 노란색 장갑에 전 처리용으로 표기한다.

49. 조리실에서 청소할 때 사용되는 고무장갑의 색깔은?

① 노란색　　　② 빨간색　　　③ 검정색　　　④ 흰색　　　⑤ 분홍색

　◎ 조리와 관련된 작업 시나 세척 완료된 식기류 취급 시 노란색 장갑, 청소시는 빨강색 장갑을 사용

답　45.⑤　46.③　47.④　48.①　49.②

50. 1회용 비닐장갑을 사용하는 경우에 해당되지 않는 것은?

① 면류를 배식할 때
② 간단한 조리를 할 때
③ 조리장의 청소를 할 때
④ 조리된 음식물을 취급할 때
⑤ 조리하지 않고 나가는 음식물을 만들 때

⦿ 1회용 장갑을 사용하는 경우는 : 대면 배식 때 음식을 나눠줄 경우, 조리된 음식을 직접 만질 경우, 조리하지 않고 나가는 음식을 만들 경우, 1회 사용 후는 반드시 폐기하고 한 가지 음식을 만진 후 다른 음식을 만져서는 안 된다.

51. 다음은 개인 위생시설에 대한 설명이다. 잘못된 것은?

① 손 세척실은 별도로 설치한다.
② 휴게실을 청결하게 관리한다.
③ 별도의 장소에서 흡연한다
④ 조리복과 평상복은 같이 보관한다.
⑤ 탈의실을 두고 개인 보관함을 설치한다.

⦿ 탈의실 : 조리 종사자들이 옷과 소지품을 둘 수 있는 장소가 있고 이용하기 편한 곳으로 청결하게 관리하되 조리용 의류(화)와 평상 의류(화)는 구분하여 보관되도록 한다.
  휴게실 : 대화를 나누거나 간식을 먹을 수 있는 장소가 마련되어야 한다.
  화장실 : 조리 종사자의 전용 화장실로 손 씻는 시설이 있어야 한다.
  손 세척 시설 : 전처리 장소 · 주방 · 화장실 등의 장소에 시설을 설치한다.
  신발 소독조 : 조리장의 출 · 입구에 설치, 소독액은 매일 1회 교체한다.

52. 식품 제조에 종사할 수 없는 사람은?

① 고혈압 환자   ② 심장질환자   ③ 화농성 질환자
④ 색맹인 자   ⑤ 알코올중독자

⦿ 식품제조에 종사할 수 없는 자 : 피부병 및 화농성 질환자, 후선성면역결핍증 감염자, 감염병 감염자.

53. 식품의 제조 · 가공 등에 종사할 수 있는 사람은?

① 제1급 감염병 감염자   ② 제2급 감염병 감염자
③ 제3급 감염병 감염자   ④ B형 간염 현성환자
⑤ 비염이 있는 자

⦿ 52번 해설 참조

답 50.③ 51.④ 52.③ 53.⑤

54. 조리원의 위생 상태에 대한 설명 중 바르지 못한 것은?

① 두발은 짧게 한다. ② 화장을 하고 품위를 유지한다.
③ 매니큐어를 칠하지 않는다. ④ 위생복을 착용하고 청결을 유지한다.
⑤ 조리를 할 때는 흡연을 금한다.

55. 조리자의 손 세척이나 소독 등 관련이 없는 사항은?

① 배식 전 ② 화장실 사용 후 ③ 조리작업 시작 전
④ 조리 중 틈틈이 ⑤ 오염된 물품 접촉 후

56. 올바른 손 세척 방법이라 할 수 없는 것은?

① 맑은 물로 깨끗하게 씻는다.
② 씻은 후 건조기로 물기를 제거한다.
③ 손을 서로 문지르면서 회전하는 동작으로 씻는다.
④ 온수로 팔꿈치까지 물을 묻힌 후 비누로 충분히 낸다.
⑤ 브러시를 이용하여 손가락과 손톱 주위를 깨끗이 씻는다.

> ◆ 올바른 손 세척 방법
> • 온수로 팔꿈치까지 물을 묻힌 후 비누거품을 충분히 낸다.
> • 손톱 사이는 브러시를 이용
> • 손을 서로 문지르면서 회전하는 동작으로 씻는다.(20초 이상)
> • 흐르는 물로 비누거품을 충분히 헹구어 낸다.
> • 종이 타올이나 건조기로 물기를 제거한다.
> • 소독수(70% 알코올 등)를 손에 분무하여 문질러서 건조한다.

57. 식품 제조 · 가공의 작업장에 외부인이 출입할 때 관리 방법이 잘못된 것은?

① 작업장의 출입을 금해야 한다.
② 외부인 전용 위생화를 착용케 한다.
③ 외부인 전용 위생장갑을 착용케 한다.
④ 외부인 전용 위생복을 착용케 한다.
⑤ 소독 판을 설치하여 오염을 방지한다.

> ◆ 외부인 출입 – 견학 등 사업장을 방문하는 외부인은 전용 위생복이나 위생화를 착용한다. 위생화는 소독 판 또는 소독액을 스프레이 하여 사용하며, 사업장 내의 위생 규칙에 따른다.

58. 개인 위생의 점검 사항과 관련이 없는 것은?

① 설사 여부   ② 발열 여부   ③ 감기 감염 여부
④ 손의 상처 유무   ⑤ 체중 과다 여부

◐ 개인 위생 점검 : 손의 상처(화농성 질환), 감기(기침, 재채기), 설사, 발열이 있는지 점검한다.

59. 조리 종사원은 정기적으로 건강검진을 받고 결과를 기록하여야 한다. 정기적 건강검진은?

① 연 1회   ② 연 2회   ③ 연 3회   ④ 연 4회   ⑤ 연 5회

◐ 조리원은 연 1회 정기적으로 건강검진을 받아 내용을 건강관리부에 기록하여 관리한다.

60. 집단급식소에서 위생관리의 목적은?

① 영업 활동의 합리화   ② 안전한 음식물 제공
③ 영업의 영리 활동   ④ 공중도덕 준수
⑤ 위생 지식의 향상

◐ 위생관리 목적 : 음식물로 인한 위해 방지, 급식자의 건강을 지킬 수 있도록 업무 수행

61. 집단급식소 위생관리자에 대한 설명 중 잘못된 것은?

① 위생관리 제반 규정을 이행
② 위생관리 기준 이탈 발생 시 개선 조치 실행
③ 위생관리자 개인의 사고에 의해서 작업 처리
④ 위생관리의 책임자는 HACCP 팀장이 수행
⑤ 고객의 요구를 신속히 접수 및 처리

◐ 위생관리 책임자
- HACCP 팀장의 명을 받아 위탁점의 HACCP 총괄적인 운영관리 담당
- HACCP 팀의 방침이나 위생 규정 등의 계획 수집에 참여 이를 수행
- 위생관리 기준 이탈 시 개선 조치를 실시하고 HACCP 팀장에게 보고
- 고객 사고에 대한 신속한 처리 및 조사

62. 다음 중 위생관리자의 역할과 관련이 없는 것은?

① 위생 상태 점검은 개인에게 부여
② 여러 상황을 고려하여 식단을 구성
③ 위생 규정 이행 여부를 관리 및 점검
④ 위생 점검 비용을 작성하여 상부에 보고
⑤ 식품위생법에서 규정한 행정 서류를 유지 관리

◎ 위생관리자

- 여러 상황을 고려하여 식단을 구성 – 규정하고 있는 위생 규정 이행 여부 관리
- 위생 점검 수시로 하고 그 결과를 작성하여 매일 위생관리 책임자에게 보고
- 식품위생법에서 규정한 각종 행정 서류를 관리 유지하고, 항시 관계 기관의 위생점검에 대비하여야 한다.
- 조리한 음식물에 다하여 검식을 하고, 일정한 용기에 담아 보존한다.

63. 식품 제조 · 가공업소에서 종업원의 기본적인 근무 태도와 거리가 먼 것은?

① 위생 규정 준수
② 개인 위생관리 철저
③ 위생 의식에 대한 지식 함양
④ 위생관리자의 지시에 수동적 이행
⑤ 주방기구 등에 대한 청소 및 소독 철저

64. 단체급식에서 위생관리의 목적은?

① 영리의 목적 향상   ② 식품의 질을 향상
③ 급식 자에게 편리 제공   ④ 식품위생상 위해 방지
⑤ 식품의 영양성을 향상

◎ 60번 문제 해설 참조

65. 집단급식소의 운영에서 금하여야 하는 사항은?

① 전문적인 위생관리
② 음식물의 위생적 관리
③ 영리를 위한 수단 강구
④ 위생시설 및 설비를 확보
⑤ 안전한 급식이 되도록 노력

66. 집단급식소의 종업원에게 실시하는 건강검진 항목이 아닌 것은?

① 결핵   ② 간기능 검사   ③ 피부성 질환
④ 매독 혈청검사   ⑤ 소화기계 감염병

  ◉ 급식 종사원의 건강 진단 : 소화기계 감염병, 결핵, 전염성 피부질환, 혈청검사, 간염검사

67. 조리 종사자의 손 소독에 주로 많이 사용하는 것은?

① 알코올   ② 크레졸   ③ 석탄산   ④ 자외선   ⑤ 역성비누

  ◉ 급식 종사원의 손 소독에는 역성비누가 많이 쓰인다.

68. 종업원들이 착용하는 위생복의 색깔은?

① 검은색   ② 흰색   ③ 붉은색   ④ 노란색   ⑤ 분홍색

  ◉ 급식 종사자는 항상 전용의 깨끗한 백색의 가운을 착용하고, 이물·세균 등이 식기류나 음식물을 오염시키지 않도록 주의해야 한다.

69. 피급식자의 바르지 못한 행동은?

① 식사 중 대화   ② 깨끗한 복장으로 식사
③ 식사 전 손 씻기   ④ 불필요한 행위 삼가
⑤ 타인에게 불쾌감을 주는 언행 삼가

70. 식품의 재료를 구입할 때 주의할 사항이 아닌 것은?

① 신선한 것 선택   ② 필요한 양만 구입
③ 보관 상태가 양호한 것 선택   ④ 안전하고 위생적인 것 선택
⑤ 값이 싸며 양이 많은 것 구입

  ◉ 식재료 구입 시 주의 사항 : 품질, 선도(색, 냄새), 첨가물의 사용 유무, 이물질 혼입 유무, 함량, 제조연월일, 보존법 등 전반적인 사항을 판단한 후 구입한다.

71. 일반적으로 사용하는 세제에는 몇 %의 계면활성제가 함유되었는가?

① 10%   ② 20%   ③ 30%   ④ 40%   ⑤ 50%

  ◉ 일반적으로 사용하는 세제에는 20% 전후의 계면활성제가 함유되어 있다.

답 66.② 67.⑤ 68.② 69.① 70.⑤ 71.②

72. 시중에 판매되고 있는 세제는 몇 배로 희석하여 사용하는 것이 가장 좋은가?

① 10~100배 ② 100~200배 ③ 200~300배
④ 400~500배 ⑤ 500~1000배

❍ 시중에 판매되고 있는 세제액을 500~1000배로 희석하여 사용하는 것이 중요하다.

73. 소독제인 차아염소산나트륨에 대한 설명 중 잘못된 것은?

① 식품, 기구 · 용기 등 사용 가능
② 유효 농도는 0.2%가 적합
③ 유효 염소는 100ppm이 적합
④ 용액 중에 2~5분간 침지
⑤ 냄새가 없어 소독 후 헹굼 불필요

❍ 차아염소산 나트륨 – 식기, 식품 어느 것이나 사용이 가능하다. 농도는 0.2% 정도(유효 염소로서 100ppm)로 하고 용액 중에 2~5분간 담근 후 염소 냄새가 남지 않도록 잘 헹군다.

74. 조리용 기구 등의 소독에 대한 설명 중 잘못된 것은?

① 자주 사용하는 기구는 수시로 소독
② 조리용 기구 등은 별도의 소독이 불필요
③ 소독 방법은 자비소독 · 열탕소독 등 이용
④ 조리대를 소독하기 전에는 식품 취급 불가
⑤ 조리대 등은 역성비누를 200배 희석하여 소독

❍ 조리대 · 가스레인지 등은 한번 닦아낸 후 역성비누 200배 희석액으로 소독 후에 사용한다. 조리대는 소독하지 않은 재료나 식기를 놓지 않는다. 도마는 용도별로 구별하여 사용하고 사용 후에는 충분히 세정 · 소독하여 보관한다. 소독 방법으로는 자비소독, 열탕소독, 증기소독, 등의 가열소독과 자외선조사(살균등). 약제에 의한 소독 방법이 있다.

75. 자외선 살균등의 특징이 아닌 것은?

① 모든 균종에 유효하다.
② 살균력은 모든 균종이 같다.
③ 투과력이 없으므로 표면 살균에 적당하다.
④ 조도 · 습도 · 거리에 따라 살균 효과가 다르다.
⑤ 피조사물에 대하여 조사 후 거의 변화를 나타내지 않는다.

> ◐ 자외선 살균
>
> • 모든 균종에 유효
> • 피조사물에 대하여 조사 후 거의 변화를 나타내지 않는다.
> • 자외선은 공기만을 투과하고 물질은 투과하지 않으므로 표면 살균에 적당하다.
> • 살균력은 균종에 따라 현저히 다르나 같은 세균도 조도 · 습도 · 조사 거리 등에 따라 살균 효과가 달라진다.

76. 제조된 식품의 최종적으로 선택하는 자는?

① 조리자   ② 소비자   ③ 경영자   ④ 위생 책임자   ⑤ 종업원 전체

> ◐ 제조된 식품을 최종적으로 선택하는 자는 소비자이다.

77. 보존식을 하는 이유는?

① 만약의 사고에 대비   ② 경영 정책상   ③ 기록을 남기기 위해
④ 다음에 시판하기 위해   ⑤ 영양의 보존을 위해

> ◐ 보존식을 실시하는 것은 식중독 등 만약의 사고를 대비하여 원인 물질을 역학적으로 조사하고 규명하기 위하여 관리하는 것이다.

78. 보존식의 범위는?

① 밥   ② 국   ③ 된장   ④ 간장   ⑤ 배식된 모든 음식

> ◐ 보존식의 범위 : 밥을 비롯하여 배식된 모든 음식물이 보존되어야 한다. 배식 중 메뉴 변경에 따른 추가 배식 시에도 이를 채취하고 기록하여야 한다.

79. 보존식의 보관에 적합한 온도는?

① −18℃ 이하   ② 0~10℃   ③ 10~20℃
④ 20~30℃   ⑤ 50℃ 이상

> ◐ 보존식은 −18℃의 전용 냉장고에 144시간 보관하도록 한다.

답 75.② 76.② 77.① 78.⑤ 79.①

80. 채소류 및 난류를 저장할 때 적당한 온도는?

① −5℃   ② −2℃   ③ 0℃   ④ 5~10℃   ⑤ 20℃ 이상

○ 식품 저장의 적정 온도 : 과실류 7~10℃, 채소류·알·조리식품 4~7℃, 우유·유제품 3~4℃, 어패류·닭고기 0~3℃, 냉동식품 −15℃이다.

81. 식품 취급의 3대 원칙은?

① 청결·신속·가열   ② 구매·조리·배식   ③ 검식·포장·배식
④ 계획·조리·배식   ⑤ 생산·조리·포장

○ 식품 취급의 3대 원칙은 청결·신속·가열 이다.

82. 가정에서 식품을 구입하는 요령이 잘못된 것은?

① 신선한 것 구입
② 유통 기한 확인 후 구입
③ 보존 방법 확인 후 구입
④ 생선은 눈이 돌출된 것 구입
⑤ 저온 보존이 필요한 식품은 구입 후 즉시 냉장고에 보관

○ 가정에서 식품 구입 요령
- 식육·어패류·채소류 등은 신선한 것을 구입한다.
- 가공식품은 유통기한·보존 방법 등 표시 사항을 확인하고 구입한다.
- 고기나 생선 등 물기가 있는 재료는 비닐봉지에 싸서 운반한다.
- 냉장·냉동 등 저온 보존이 필요한 식품은 마지막에 구입하며, 즉시 가져온다.

83. 가정에서 식품을 보존하는 방법 중 잘못된 것은?

① 실온에 보관   ② 냉장고에 보관
③ 냉장고에는 2/3 정도 식품 보관   ④ 오래두지 말고 가능한 빨리 소비
⑤ 식육이나 어류는 비닐봉지에 넣어 보관

○ 가정에서의 보존
- 냉장·냉동이 필요한 식품은 즉시 냉장고나 냉동고에 보관
- 냉장고와 냉동고에는 너무 많이 넣지 말고 2/3 정도만 넣는다.
- 가능한 빨리 소비하고 식육이나 어류는 비닐봉지에 넣어 보관한다.
- 식품을 싱크대 밑에 보관할 경우 물이 스며들지 않도록 조심하고 바닥에 놓아두는 일이 없도록 한다.

답 80.④ 81.① 82.④ 83.①

84. 가정에서 조리하는 방법을 설명한 것 중 잘못된 것은?

① 조리 전 반드시 손 세척
② 도마는 세제로 세척
③ 냉동식품은 실온에서 해동
④ 행주는 자주 열탕소독
⑤ 음식물을 손으로 접촉 삼가

85. 더운 음식의 적합한 보존 온도는?

① 10℃ 이상
② 20℃ 이상
③ 40℃ 이상
④ 50℃ 이상
⑤ 65℃ 이상

🔘 더운 음식은 65℃ 이상으로 보존한다.

86. 찬 음식의 보존에 적합한 온도는?

① 0℃ 이하
② 10℃ 이하
③ 20℃ 이하
④ 40℃ 이하
⑤ 65℃ 이하

🔘 찬 음식은 10℃ 이하로 한다.

87. 남은 음식(잔식) 처리에 대하여 설명이 잘못된 것은?

① 실온에 방치해서는 안 된다.
② 변질되지 않도록 저온 보존한다.
③ 시간이 오래 경과한 것은 버린다.
④ 깨끗한 용기를 이용하여 보관한다.
⑤ 변질되었을 때는 가열하여 섭취한다.

🔘 남은 음식은 깨끗한 기구나 용기에 보관한다. 남은 음식을 섭취할 때는 75℃ 이상 충분히 가열한다. 찌개나 국 등은 충분히 끓을 때까지 가열한다.

88. 식중독의 발생 원인에 해당하지 않는 것은?

① 온도 관리의 잘못
② 부적절한 조리
③ 오염된 시설설비
④ 적절한 식품 보존
⑤ 개인위생의 부족

🔘 식중독 사고의 원인
온도 관리의 잘못, 부적절한 조리, 오염된 시설·설비 및 교차오염, 개인위생과 환경위생 설비의 실천 부족, 조리원 위생관리의 오류

답 84.③ 85.⑤ 86.② 87.⑤ 88.④

89. 식품위생상 위해 사고 방지를 위해 가장 요구되는 사항은?

① 철저한 살균 처리
② 안전한 식품의 제조
③ 미생물의 오염 방지
④ 불량 식품첨가물의 혼입 방지
⑤ 식품 제조 등 관련자의 위생 의식 향상

◎ 식품위생상 위해 사고 방지를 위해 가장 요구되는 것은 식품 제조 등 관련자의 위생 의식 향상이다.

HACCP 실무

문제 및 해설

CHAPTER 02

02 HACCP 실무

1. HACCP이란?

① 식품안전관리인증기준 위해요소 중점관리 제도   ② 병원성 미생물에 대한 위생상 고려 제도
③ 식품시설에 대한 고려 제도   ④ 식중독의 고려 제도
⑤ 식품구매에 대한 검사 제도

◉ HACCP는 Hazard Analysis and Critical Control Point의 약자로 식품안전관리인증 기준이다.

2. HACCP의 핵심 사항은?

① 예방적   ② 보완적   ③ 사후관리적   ④ 현실적   ⑤ 관리적

◉ 식품의 제조, 가공 공정의 모든 단계에서 위해를 끼칠 수 있는 요소를 공정별로 분석하고 각 과정에서 이들 위해 물질이 해당 식품에 혼입되거나 오염되는 것을 사전에 방지하기 위하여 이를 중점적으로 관리하는 예방적 위생관리 체계

3. HACCP를 최초로 식품에 적용한 나라는?

① 영국   ② 미국   ③ 호주   ④ 캐나다   ⑤ 러시아

◉ HACCP의 개념은 1960년대 초 미국의 pillsbury사가 우주 계획의 일환으로 우주인용 식품을 개발할 때 처음으로 적용하였다.

4. HACCP 유래의 기원은?

① 단체급식   ② 학교급식   ③ 레스토랑급식   ④ 호텔급식   ⑤ 우주식

◉ 우주 비행사가 비행 중 식품으로 인한 질병과 상해를 받지 않도록 보증하기 위하여 필수적 과정인 최종 제품을 광범위하게 검사를 하고 보니 적은 양만이 우주 비행용으로 사용할 수 있게 되었다.

답 1.① 2.① 3.② 4.⑤

5. 미국 식품미생물기준 자문회의가 제시한 HACCP의 원칙은 몇 가지인가?

① 2가지   ② 3가지   ③ 5가지   ④ 7가지   ⑤ 9가지

> ○ HACCP는 특정 위해를 확인하고 효율적으로 관리함은 물론 위해를 확실히 예방하기 위한 관리 체계로 HACCP제도 적용에는 다음의 7가지 원칙으로 이루어진 식품의 안전관리제도가 그 도입에 있어서 충족되어야 한다.

6. CCP(Critical Control Point)란?

① 위해 허용 한도   ② 공정 중에서 중요 관리   ③ 위해 미생물 수
④ 위해 화학물질의 농도   ⑤ 휘발성 염기질소의 농도

> ○ HA(Hazard Analysis) : 위해 가능성이 있는 요소를 찾아 분석 · 평가하는 위해 분석, CCP(Critical Control Point) : 위해를 방지 또는 제거하고 안전성을 확보하기 위한 중요관리기준의 두 부분으로 나눌 수 있다.

7. CL(Critical Limit)란?

① 위해 허용 한도   ② 공정 중에서 중요 고려점   ③ 위해 미생물 수
④ 위해 화학물질의 농도   ⑤ 휘발성 염기질소의 농도

> ○ 각 중요관리점과 관련된 예방조치상에서 허용 한계치를 설정한다.

8. HACCP의 7원칙에 해당되지 않는 것은?

① 위해요소 분석   ② 중요관리점 식별   ③ 허용한도 설정
④ CCP를 모니터링하는 방법 설정   ⑤ 유해 물질의 이화학적 분석

> ○ HACCP의 7원칙에는 위해 분석, 중요관리점의 설정, 관리기준의 설정, 모니터링 방법의 설정, 개선 조치의 설정, 기록 유지 및 문서 작성 규정의 설정, 검증 방법의 설정 등이 있다.

9. HACCP의 7원칙 중에서 PDCA 사이클의 Plan(계획)에 들어가는 사항은?

① CCP의 식별   ② C.L의 설정   ③ 문서화 기록 유지
④ 모니터링   ⑤ 시정 조치

> ○ 중요 관리점, 중요 위해요소, 위해 허용 한도, 모니터링, 시정조치, 검정, 기록 등이 있다.

10. HACCP의 7원칙 중 PDCA 사이클의 Check(확인) 사항은?

① 위해요소 분석   ② 모니터링   ③ 허용 한도 설정
④ 검증   ⑤ 중요 관리점 식별

◐ 위해요소 분석, CCP결정, CL의 결정, 모니터링, 시정조치, 기록 및 검증 활동 등이 있다.

11. HACCP 도입 효과에 해당하지 않는 것은?

① 소비자들이 안심하고 섭취할 수 있다
② HACCP 마크 표시를 통하여 소비자 스스로가 안전하게 식품을 선택할 수 있다.
③ 해당 업체에서 수행되는 모든 단계를 광범위하게 관리할 수 있다.
④ 자율적으로 위생관리를 수행할 수 있다.
⑤ 예상되는 위해요인을 과학적으로 규명하여 효과적으로 제어할 수 있다.

12. HACCP를 시행하는 목적은?

① 식품으로 인한 위해 방지   ② 식품으로 인한 질병 치료
③ 식품의 영양 보강   ④ 식품의 건강성 확보와 사후관리
⑤ 식품에 대한 위해성 경고

◐ 식품의 제조, 가공 공정의 모든 단계에서 위해를 끼칠 수 있는 요소를 공정별로 분석하고 각 과정에서 이들 위해 물질이 해당 식품에 혼입되거나 오염되는 것을 사전에 방지하기 위하여 이를 중점적으로 관리하는 예방적 위생 체계

13. HACCP 계획의 발전 순서는 모두 몇 단계로 구성되어 있는가?

① 3단계   ② 6단계   ③ 12단계   ④ 15단계   ⑤ 18단계

◐ Codex의 지침으로 HACCP 계획의 작성 순서를 12단계로 나타낸 것이다.

14. HACCP의 적용 순서 중 4단계에 해당되는 것은?

① 공정도의 작성   ② 제품에 대한 기술   ③ HACCP팀 구성
④ 공정도의 현장 검증   ⑤ 사용자 의도의 식별

15. HACCP의 적용 순서(codex지침) 중 7단계에 해당되는 것은?

① 공정도의 현장 검증   ② 중요 관리점의 결정   ③ 공정도의 작성
④ 검증 절차의 설정   ⑤ HACCP팀 구성

답   10.②   11.③   12.①   13.③   14.①   15.②

16. 식품 위해요소 중 생물학적 위해요소에 해당되지 않는 것은?

① 세균   ② 잔류 농약   ③ 곰팡이   ④ 기생충   ⑤ 효모

○ 생물학적 위해요소에는 세균(박테리아), 바이러스, 곰팡이, 효모, 원충류 등이 있다.

17. 세균 증식 조건 FATTOM에 해당되지 않는 것은?

① 수분   ② 산도   ③ 온도   ④ 압력   ⑤ 산소

○ FATTOM이란 F(Food)는 세균의 영양원, A(acidity)는 산도, T(temperature)는 온도, T(time)는 시간, O(oxygen)은 산소, M(moisture)은 수분을 뜻한다.

18. 식품의 위해요소 중 화학적 위해요소에 해당되지 않는 것은?

① 합성세제   ② N-nitroso 화합물   ③ 중금속
④ 경구전염병균   ⑤ 불량 첨가물

○ 화학적 위해요소에는 중금속, 농약, 구서제, 가축병 치료제 잔류물, 폴리염화비닐, 아질산염, 질산염 및 N-nitroso 화합물, 불허용 식품첨가물, 청소세제, 합성세제, 소독제, 청관제, 자연독 등이 있다.

19. 식품의 위해요소 중 물리적 위해요소에 해당되는 것은?

① 유리조각   ② PCB   ③ 유기염소제   ④ 항생물질   ⑤ Cd

○ 물리적 위해요소 유리, 돌, 금속, 나무, 잔가지, 나뭇잎, 해충, 보석 등이 있다.

20. 식품의 안정성까지를 보장하는 위해요소에 추가되는 요소는?

① 화학적 위해요소   ② 물리적 위해요소   ③ 유통과정 위해요소
④ 품질 위해요소   ⑤ 생물학적 위해요소

○ HACCP는 식품의 안전성을 보장하는 공정관리 기법이지만 이를 안전성을 포함한 품질까지 보장하는 기법으로도 사용되고 있다. 이 경우에는 생물학적, 화학적, 물리적 위해요소에 품질 위해요소를 추가한다.

21. 식품첨가물로 허용되었으나 일정한 양을 초과하면 위해가 되는 요소는?

① 생물학적 위해요소   ② 품질 위해요소   ③ 화학적 위해요소
④ 유통 위해요소   ⑤ 물리적 위해요소

답 16.② 17.④ 18.④ 19.① 20.④ 21.③

22. GMP란?

① 위생관리 기준　　　　② 적정제조 기준　　　③ 유해물질 기준 농도
④ 저장 기준　　　　　　⑤ 살균 기준

　○ GMP란(Good Manufacturing Practice) 적정제조 기준이라 한다.

23. GMP의 구성에 해당되지 않는 것은?

① 일반 사항　　　　　　② 건물 및 시설　　　③ 장비
④ 질병 치료　　　　　　⑤ 생산 및 공정관리

　○ 적정제조 기준에는 일반 사항, 건물 및 시설, 장비, 생산 및 공정관리로 되어 있다.

24. 다음 중 SSOP(Sanitation Standard Operation Procedure, 표준위생관리기준)의 8가지 핵심 분야에 해당하지 않는 것은?

① 저온살균법　　　　　② 교차오염의 방지　　③ 비식품 물질의 유입 방지
④ 종업원의 건강　　　　⑤ 물의 안전성

　○ SSOP에는 물의 안전성, 식품 접촉 표면의 조건 및 청결, 교차 오염의 방지, 손씻기 및 위생시설, 비식품 물질의 유입 방지, 독성 물질의 적절한 라벨링, 보관 및 사용, 종업원의 건강, 해충의 제거 등이 있다.
　(1. 위생관리 운영기준 2. 영업장 관리 3. 종업원 관리 4. 용수 관리 5. 보관 및 운송관리 6. 검사관리 7. 회수관리)

25. HACCP를 구성할 때 가장 중요한 것은 경영자의 의지이다. 다음 중 경영자의 의지라고 보기 힘든 사항은?

① 예산 승인
② 회사의 HACCP 혹은 식품 안전성 정책의 승인
③ 프로젝트가 현실적이고 달성 가능하도록 보장
④ HACCP 팀이 적절한 자원을 활용할 수 있도록 보장
⑤ 전문지식 습득

　○ 경영자의 역할에는 예산 승인, 회사의 HACCP 혹은 식품 안전성 정책의 승인 및 추진, HACCP 팀장 및 팀원 지정, HACCP팀이 적절한 자원을 활용할 수 있도록 보장, HACCP팀이 작성한 프로젝트의 승인 및 프로젝트가 지속적으로 추진되도록 보장, 보고체계를 수립, 프로젝트가 현실적이고 달성 가능하도록 보장

26. HACCP팀은 다음 분야에 전문가가 포함되어야 한다. 해당하지 않는 사항은?

① 공정 및 업무활동　　② 위해요소에 관한 전문지식　　③ 품질관리
④ 운반수송 운전자　　⑤ 장비 및 엔지니어링

　◉ 원재료, 공정및 업무 활동, 위해요소에 관한 전문 지식, 최종 제품, 품질관리, 장비 및 엔지니어링, 환경 등

27. HACCP 팀장의 책임에 해당되지 않는 것은?

① 예산 승인
② HACCP 추진의 범위 통제
③ HACCP 시스템의 계획과 이행 관리
④ 팀 회의 조정
⑤ 모든 문서의 기록 유지

　◉ 팀장의 책임으로서는 HACCP 추진의 범위 통제, HACCP 시스템의 계획과 이행을 관리, 팀 회의 조정 및 주제, 시스템이 Codex 지침에 적합하고, 법적 요구를 충족하며 효과적인지를 결정, 모든 문서의 기록을 유지, 내부 감사 계획의 유지 및 이행 등이 해당된다.

28. HACCP 팀원의 책임과 관계가 없는 사항은?

① HACCP 추진 및 문서화　　② 위해 허용 한도의 이탈 감시
③ 식품안전 정책의 승인　　④ HACCP의 내부 감사
⑤ HACCP 업무의 관한 정보 공유

　◉ 팀원의 책임은 HACCP 추진 및 문서화, 위해 허용 한도의 이탈 감시, HACCP 계획의 내부 감사, HACCP 업무에 관한 정보 공유 등이 해당된다.

29. HACCP의 적용 순서 중 2단계인 제품에 대한 설명 내용에 포함되지 않아도 되는 것은?

① 제품의 이름　　② 섭취 순서　　③ 보존 방법
④ 제품 수명　　⑤ 소비자의 조리 방법

　◉ 제품 이름, 구성, 최종 제품 특성, 보존 방법, 주포장, 최종 포장, 저장 조건, 분배 방법, 제품 수명, 특별 표시, 소비자 조리 방법 등이 포함된다.

30. HACCP의 적용 순서 중 3단계인 사용 의도의 식별에서 사용 의도란?

① 최종 사용자나 소비자에 의하여 그것이 통상적으로 사용되는 형태
② 최초 사용자나 소비자에 의하여 그것이 통상적으로 사용되는 형태
③ 통상적으로 사용되는 저장 조건
④ 통상적으로 사용되는 분배 방법
⑤ 통상적으로 사용되는 최종 포장

　❍ 제품의 사용 의도는 최종 사용자나 소비자에 의하여 그것이 통상적으로 사용되는 형태를 말한다.

31. 다음 중 민감 집단에 해당하지 않는 것은?

① 노인　　　　② 유아　　　　③ 일반 대중　　④ 임산부　　　⑤ 병약자

　❍ 노인, 유아, 임산부, 병약자, 알레르기 반응자들이 민간 집단에 해당된다.

32. 공정도 작성(HACCP 4단계)에 포함되지 않는 것은?

① 원재료 공정에 투입되는 물질　　② 포장재 공정에 투입되는 물질
③ 부재료 공정에 투입되는 물질　　④ 공정의 출력물
⑤ 공급되는 물의 수질 상태

　❍ 원재료, 포장재 및 부재료 등 공정에 투입되는 물질, 검사, 운반, 저장 및 공정의 지연을 포함하는 상세한 모든 공정 활동, 공정의 출력물 등이 포함한다.

33. 공정도 작성(4단계)에서 작업자의 도면에 표시하지 않아도 되는 것은?

① 칸막이　　　　　　② 원료명　　　　　　③ 시설도면
④ 물 공급 및 배수　　⑤ 저장 및 분배 조건

　❍ 시설 도면, 공정 단계의 순서, 시간/온도의 조건, 통풍 및 공기의 흐름, 물 공급 및 배수, 칸막이, 장비의 형태, 용기의 흐름 및 세척/소독, 출입구, 손 소독, 발 소독조, 저장 및 분배 조건 등이 포함된다.

34. HACCP상 식품 생산 공정상 최저 온도는?

① 0℃　　　　　② 5℃　　　　　③ 10℃　　　　④ 15℃　　　　⑤ 20℃

　❍ 식품 생산 공정이 위험 온도 범위인 5℃~60℃에 식품이 최단 시간이 놓이도록 해야 한다.

답　30.① 31.③ 32.⑤ 33.② 34.②

35. FATTOM상 세균의 증식에 가장 좋은 pH는?

① pH 3.6~4.5　　　② pH 4.6~5.5　　　③ pH 5.6~6.5
④ pH 6.6~7.5　　　⑤ pH 8.5~9.5

　◐ 대부분의 세균은 pH 6.6~7.5 사이의 중성 영역에서 가장 잘 증식한다.

36. 축산물 위해 중점관리는 어느 행정부서에서 고시를 제정하고 운영하는가?

① 보건복지가정부　　② 농림수산식품부　　③ 국토해양부
④ 기획재정부　　　　⑤ 지식경제부

37. 다음은 쇠고기 패티의 공정도의 일부를 나타낸 것이다. (　)에 적당한 것은?

원재료(쇠고기) → 원재료 저장 → 그라인딩 → 양념 혼합 → 가열 → 냉동 → 포장 → (　　　)

① 형태 만들기　　　② 금속 탐지　　　　③ 저장 및 분배
④ 쇠고기 혼합　　　⑤ 브렌딩

　◐ 원재료 반입(쇠고기) → 원재료 저장 → 다진 쇠고기의 혼합/브렌딩 → 그라인딩 → 양념 혼합 → 형태 만들기 → 가열 → 냉동 → 금속 탐지기 → 포장 및 라벨링 → 저장 → 선적 → 분배

38. 공정도의 현장 검증(5단계)에 대한 설명 중 바르지 못한 것은?

① 공정도의 현장 검증은 필수 단계가 아니다.
② 공정도의 정확성이 매우 중요하다.
③ 현장 검증을 통해 제품에 대한 신뢰성을 가질 수 있다.
④ 제품이 생산 과정을 이해할 수 있다.
⑤ 현장 검증은 HACCP팀 전원이 참여한다.

　◐ 공정도를 현장 검증하는 방법은 HACCP팀 전원이 작성된 공정도를 들고 공정도의 순서에 따라 현장을 순시하면서 공정도상의 내용과 실제 작업이 일치하는지 관찰하고, 필요한 경우 종업원과의 면접 등으로 확인하면 된다.

39. 위해요소 분석의 실시(6단계) 단계 중 위해요소 목록에 해당하지 않는 것은?

① 병원미생물　　　② 자연독　　　　　③ 영양의 가치
④ 살충제　　　　　⑤ 유해 금속의 함량

　◐ 병원미생물, 자연독, 화학약품, 농약, 잔류 항생물질, 불량 식품첨가물, 유해 분해 물질, 금속, 유리 등이 포함된다.

답　35.④　36.②　37.③　38.①　39.③

40. 위해요소 발생 가능성을 판단하는 방법이 바르지 않는 것은?

① HACCP 팀의 경험이나 사례　　② 경영자에게 자문 요청
③ 과거의 발생 사례　　　　　　　④ 역학 자료
⑤ 기술서적이나 연구논문

　❍ HACCP팀의 경험이나 사례, 과거의 발생 사례, 역학 자료, 기술서적 및 과학적 연구 논문, 잡지, 대학이나 관련 연구소, 공급자, 타 식품 제조업체, 제품 리콜에 관한 정보 등의 방법이 있다.

41. 생물학적 위해요소의 예방책이 바르다고 할 수 없는 것은?

① 적정 온도 관리　　　　　　　② 보존료 첨가에 의한 미생물 증식 억제
③ 식품 중의 수분 탈수(건조)　　④ 실온 보관
⑤ 저온 유지

　❍ 시간/온도관리, 가열 및 조리 공정, 냉장 및 냉동, 건조, 조리, 사료관리 등이 있다.

42. 중요 관리점의 식별(7단계)의 내용에 포함되지 않는 것은?

① 위해요소가 예방되는 지점　　　　　② 위해요소가 제거되는 지점
③ 위해요소가 허용 수준으로 감소하는 지점　④ 위해요소가 제거될 수 없는 지점
⑤ 위해요소가 안전성을 방해하는 지점

　❍ 병원미생물이나 잔류 항생물질의 유입은 반입 단계에서의 관리(예 : 공급자의 성적서에 의해 예방), 화학적 위해 요소는 배합이나 첨가물 혼합 단계를 관리함으로써 예방, 최종 제품에서의 병원미생물 증식은 배합이나 첨가물 혼합 단계에서 예방(예 : pH의 조정이나 보존료의 첨가), 병원미생물의 증식을 냉장 저장으로 관리할 수 있다.

43. 중요 관리점 식별법이 아닌 것은?

① 소비자의 조리 방법　　　　　② 위해요소 분석 중 수집된 정보
③ 외부 전문가의 조언　　　　　④ 결정도표에 의한 식별
⑤ 안전성을 보장하기 위하여 특별히 고안된 곳

　❍ 공장 건물, 제품 형성, 공정 흐름, 장비, 성분의 내용, 위생 및 HACCP 지원 프로그램 등이 있다.

44. 위해 허용 한도의 설정(8단계) 내용에 포함되지 않는 것은?

① 모든 CCP에 적용되어야 한다.　　② 타당성이 있어야 한다.
③ 유추한 자료를 이용한다.　　④ 확인되어야 한다.
⑤ 측정할 수 있어야 한다.

　◑ 모든 CCP에 적용되어야 한다, 타당성이 있어야 한다, 확인되어야 한다, 측정할 수 있어야 한다 등이 포함된다.

45. 위해 허용 한도에 대한 정보 출처에 해당되지 않는 것은?

① 발간된 자료　　② 팀원의 주관적
③ 전문가 조언　　④ 실험 데이터
⑤ 감독기관의 지침

　◑ 발간된 자료, 전문가 조언, 실험 데이터, 감독기관의 지침, 수학적 모델링 등이 있다.

46. HACCP의 선행 요건 프로그램 중 제품 식별과 관계없는 것은?

① 제품명　　② 포장 및 제조일자
③ 등급　　④ 영양 표시
⑤ 생산자

　◑ 제품 이름, 구성, 최종 제품 특성, 보존 방법, 제품 수명, 특별 표시, 소비자 조리 방법 등이 있다.

47. SSOP의 준수 방법 중 교차오염의 방지와 관계없는 것은?

① 오염 구역의 구분　　② 유효기간 경과 식재료의 처리 철저
③ 냉장 냉동의 구획 보관　　④ 사용 용기의 세척 살균
⑤ 오염된 것 만진 후의 손 씻기

48. 모니터링(9단계)이란?

① 중요 관리점이 관리하에 있는가를 평가하기 위한 방법
② 위해 허용 한도 확인 과정
③ 위해 허용 한도 명분
④ 공정의 재조정 과정
⑤ 위해 허용 한도의 형태

　◑ 중요 관리점이 관리하에 있는가를 평가하기 위한 계획된 순서의 관찰 혹은 측정이다.

답　44.③　45.②　46.④　47.②　48.①

49. 모니터링의 목적에 해당하는 것은?

① 문제의 원인에 대하여 정확한 분석 ② 공정도의 현장 검증
③ 중요 관리점의 결정 ④ 위해 허용 한도의 이탈 감시
⑤ HACCP 추진의 범위 통제

> ● CCP가 언제 관리에서 벗어나고, 따라서 안전하지 못한 제품을 생산하는 위험을 알기 위하여, 문제가 발생하기 전에 식별하기 위하여, 문제의 원인에 대한 정확한 분석, HACCP 계획의 검증을 도와 줌, 해야만 하는 업무를 수행했다는 증거 등이 있다.

50. 다음 중 모니터링을 할 수 없는 사람은?

① 교육을 받은 사람 ② 편견이 없는 사람
③ 지정된 사람 ④ 특별한 감각을 가진 사람
⑤ 관련 부분의 전문가

> ● 교육을 받았고, 편견이 없고, 지정된 인원 등이 모니터링 요원의 조건이다.

51. 다음 중 CCP 모니터링에 지정될 수 없는 사람은?

① 라인 종사자 ② 후각이 극히 둔화된 사람
③ 감독자 ④ 품질보증 인원
⑤ HACCP팀장

> ● 라인 종사자, 장비 작동자, 감독자, 정비 인원, 품질 보증 인원 등이 지정될 수 있다.

52. 다음 중 모니터링 방법에 해당하는 것은?

① 관찰 · 측정 ② 유해물질 분석
③ 자료 수집 ④ 문헌 참고
⑤ 영양 성분의 함량 조사

> ● 모니터링 방법에는 관찰과 측정이 있다.

53. 측정을 통한 모니터링에 해당하지 않는 것은?

① 수분활성도의 측정　　　　② 저온살균 공정의 시간 측정
③ 원료의 수량　　　　　　　④ pH 측정
⑤ 살균온도의 측정

○ 저온살균 공정의 시간 및 온도, 수분활성도의 측정, pH 측정, 과일 나무에 살충제를 살포하기 전에 풍속
과일 나무에 살충제를 살포하기 전에 풍속계를 관찰하여 바람의 속도를 확인, 배달 전 일일 제품(예 : 유제
품)의 온도나 냉장 보관시설의 온도를 확인, 닭의 상태를 모니터링하기 위하여 구이용 닭의 무게를 측정, 오
븐에서 케이크가 있는 시간을 확인, 조리나 냉장 공정에서 걸리는 시간을 확인하기 위하여 라인 속도를 측
정 등이 있다.

54. 시정 조치(10단계) 보고서 내용에 포함되지 않는 것은?

① 격리한 제품의 양　　　② 이탈 내역　　　③ 발생 시간
④ 공급 용수의 수질　　　⑤ 평가의 결과

○ 제품 식별, 이탈의 내역 및 발생 시간, 이탈 중 생산된 제품의 최종 처리를 포함한 이행된 시정 조치 등
이 포함된다.

55. 검증 절차의 수립(11단계)에서 검증을 다음 4가지의 형태의 활동으로 구성된다. ⓛ에 들어 갈 수 있는 것은?

> ⊙ HACCP 계획의 확인 → ⓛ (　　　) → ⓒ 제품시험 → ⓔ 감사

① 중요 관리점의 확인　　② 적정 제조 기준　　　③ 위생관리 기준
④ 위해물질 농도　　　　⑤ 저장 기준

○ HACCP 계획의 확인, 중요 관리점의 검증, 제품시험, 감사 등으로 구성된다.

56. HACCP 계획을 확인하는 사람은?

① 자격이 인정된 전문가　　② 회사 인사 관련 직원　　　③ 경영자
④ 업체 직원　　　　　　　⑤ 특별한 규정이 없다.

○ HACCP 계획의 확인은 팀이나 훈련 혹은 경험에 의해 자격이 인정된 개인에 의해 수행된다. 또한,
HACCP 계획을 시행 전에 확인할 때나 시행 후 확인하기 위하여 독립된 전문가(예 : 외부 컨설턴트, 대학
교수)의 지원을 받을 수도 있다.

57. 감독기관의 검증 절차 내용이 아닌 것은?

① HACCP 계획과 개정에 대한 검토
② CCP 모니터링 기록의 검토
③ 수입식품의 품질 검토
④ 시정 조치의 기록 검토
⑤ 검증 기록의 검토

➡ HACCP 계획과 개정에 대한 검토, CCP 모니터링 기록의 검토, 시정 조치 기록의 검토, 검증 기록의 검토, HACCP 계획이 준수되는지, 그리고 기록이 적절하게 유지되는지 확인하기 위한 작업 현장의 방문 조사, 무작위 표본 채취 및 분석 등이 있다.

58. 시정 조치(10단계)에 대한 설명 중 잘못된 것은?

① 위해 허용 한도에서 이탈이 발생한 경우에 취한다.
② 시정 조치는 즉시적 조치와 예방적 조치가 있다.
③ 시정 조치의 책임을 작업장 내 사람을 지정하여야 한다.
④ 시정 조치는 문서로 기록 관리한다.
⑤ 시정 조치는 형법상의 책임이 따른다.

➡ 시정 조치란 중요 관리점의 모니터링 결과가 관리를 벗어났을 때 시행되는 어떠한 조치이다.

59. HACCP 적용에 대한 설명 중 올바른 것은?

① 모든 식품가공업소는 조건 없이 HACCP를 적용할 수 있다.
② 모든 식품제조업소는 조건 없이 HACCP를 적용할 수 있다.
③ HACCP 적용 업소의 지정은 식품의약품안전처장이 한다.
④ 보건복지부장관은 업체의 시정 신청이 있으면 조건 없이 지정해 준다.
⑤ HACCP 적용은 보건복지부장관과 관계가 없다.

➡ HACCP 적용 업소라 함은 보건복지부장관이 지정하는 HACCP 적용 품목을 제조·가공하는 업소를 말한다.

60. 다음 중 위해요소 분석 시 포함되어야 할 사항이 아닌 것은?

① 관련된 미생물의 발육 혹은 증식
② 제품에 함유된 영양소의 성분
③ 식품 생산에 사용되거나 식품에 포함될 수 있는 유독물질
④ 존재하는 위해요소의 양적, 질적 평가
⑤ 위해요소의 발생 가능성과 건강에 미치는 영향

➡ 위해요소 분석 작업표에 모든 공정의 단계를 열거, 각 단계별로 모든 잠재적인 생물학적, 화학적 및 물리적 위해요소를 식별(브레인스토밍), 중대 위해요소를 결정(위험성 평가), 예방책을 식별

답 57.③ 58.⑤ 59.③ 60.②

61. 위해요소 목록 중 생물학적 위해요소라고 할 수 없는 것은?

① 원충　　　　② 세균　　　　　③ 자연독　　　④ 바이러스　　⑤ 곰팡이

　◐ 생물학적 위해요소는 세균(박테리아), 바이러스, 곰팡이, 효모, 원충류 등이 포함된다.

62. 품질 위해요소에 해당하는 항목은?

① 중금속　　　　② 곰팡이　　　　③ 흠이 있는 오렌지　　④ 농약　　　⑤ 세균

　◐ 식품 내의 머리카락, 해충, 중량 부족 등과 같은 것이 해당한다.

63. HACCP 적용 업소의 작업장 시설에 관한 사항 중 바르지 못한 것은?

① 작업장은 적절한 온도가 유지되어야 한다.
② 바닥은 내수성이어야 한다.
③ 천장은 청소하기 쉬운 시설로 되어야 한다.
④ 조명은 20Lux 정도이면 좋다.
⑤ 바닥은 구배를 두어 물이 고이지 않도록 해야 한다.

64. 식품 제조시설에 대한 설명이 바르지 못한 것은?

① 제조에 필요한 시설을 갖추어야 한다.
② 시설은 공정 흐름에 따라 적절히 배치되어야 한다.
③ 제조시설은 용도 외 사용되어서는 안 된다.
④ 제조시설은 청결이 유지되어야 한다.
⑤ 제조시설의 정기 점검은 필요치 않다.

　◐ 제조시설 및 기구는 정기적으로 점검하여 작업에 지장이 없도록 관리되어야 한다.

65. 한계 기준 및 모니터링 등은 (　　　　)가 바로 적합 여부, 관리할 수 있는 항목과 기준 설정값으로 설정하여야 한다. (　　　)에 적합한 말은?

　① 공장장　　　　② 사장　　　③ 모든 종업원　④ 현장 종사자　⑤ 해당 팀장

66. HACCP 지원 프로그램에 해당하지 않는 것은?

　① 청소 및 살균　② 원료 성분 조사　③ 훈련　　④ 방역　　　⑤ 교육

답　61.③　62.③　63.④　64.⑤　65.④　66.②

67. 일일 위생감사일지 내용에 없어도 되는 것은?

① 장비의 청결 상태   ② 종업원의 태도   ③ 원료의 성분
④ 교차오염의 위험 요소   ⑤ 냉장 및 저장 상태

❍ 장비 청결 및 위생, 종업원 태도, 교차 오염, 손씻기 및 위생시설, 비식품의 유입 방지, 냉장 저장, 종업원 건강, 화장실 시설, 해충 및 쥐

68. Generic HACCP에서 고위험 식품에 해당되는 것은?

① pH4.5 이하의 식품   ② Aw 0.85 이상의 식품
③ 가공하지 않은 곡물   ④ 수분함유 15% 이하의 식품
⑤ 통조림 식품

❍ 통상 단백질 함량이 높은 것, 육류, 생선, 조개류, 유제품, 가공품, 달걀, 두부와 콩, 조리한 쌀, 데친 채소 등이 있다.

69. 제품에 대한 설명(2단계) 내용에 해당하지 않는 것은?

① 식품의 성분   ② 식품의 물리적 성질
③ 식품의 화학적 성질   ④ 살균, 정균처리 공정
⑤ HACCP의 팀 구성도

❍ 제품의 성분, 물리적/화하적 특성, 포장, 안전성에 관한 정보, 취급, 보관 및 분배의 방법에 대한 상세한 내역을 제공한다.

70. SQA(Supplier Quality Assurance)란?

① 공급자 품질보증   ② 품질관리 방법
③ 교차오염의 위험성   ④ 식품의 취급 방법
⑤ 원재료의 안전성 관리

❍ SQA란 공급자에게 품질을 보증하는 마크이다.

답 67.③ 68.② 69.⑤ 70.①

71. CCP 결정도표에서 사용되는 5가지 질문 내용에 포함되지 않는 것은?

① 위해요소가 있는가?
② 위해요소에 대한 예방책이 있는가?
③ 위해요소가 완전히 없어졌는가?
④ 위해요소가 증가하고 있는가?
⑤ 위해요소는 허용 이하로 감소하고 있는가?

○ 위해요소가 있는가, 예방책이 있는가, 허용할 수 있는 수준으로 감소하기 위해 특별히 고안되었는가, 허용할 수 없는 수준으로 증가하는가, 허용할 수 있는 수준으로 감소하는가 등이 포함된다.

72. 위해 허용 한도의 형태 중 화학적 위해 허용 한도 대상인 것은?

① 당분 및 비타민 함유율
② 금속의 존재
③ 색깔
④ 온도 범위
⑤ 무게

○ pH, 수분활성도, 염분 농도, 지방, 단백질, 섬유질, 탄수화물, 당분 및 비타민 함유율 등이 있다.

73. 위해요소와 그 예방책의 연결이 맞지 않는 항목은?

① 농약 – 청결한 세척
② 기생충 – 냉동
③ 세균 – 시간, 온도 관리
④ 바이러스 – 가열 조리
⑤ 자연독 – 냉장, 냉동

74. 일반적으로 병원미생물에 대한 조리기의 최소 위해 허용 한도(CL)의 온도는?

① 10℃ 이하
② 50℃ 이하
③ 60℃ 이하
④ 85℃ 이상
⑤ 100℃ 이상

75. 학교급식에서 HACCP 실무 계획 및 기록 유지 업무 담당자는?

① 교사
② 영양사
③ 행정실장
④ 양호교사
⑤ 조리 종사자

76. HACCP에서 위해요소란?

① 건강을 해할 우려가 있는 물질
② 제조 공정 과정에 불필요한 공정
③ 식품의 성분 함량 미달 성분
④ 영양적 가치가 낮은 식품
⑤ 무기질이 함유된 식품

○ 소비자가 식품을 섭취했을 때 질병과 상해를 유발하는 것으로 생물학적, 화학적 및 물리적 위해요소가 있다.

77. 식품 취급 시 위생관리에 대한 설명 중 바르지 못한 것은?

① 감염자는 식품 취급을 하여서는 안 된다.
② 작업장에서는 위생복을 착용하여야 한다.
③ 작업장에서 흡연은 허락하고 있다.
④ 정기적인 건강진단을 받아야 한다.
⑤ 폐기물 용기는 정기적으로 소독하여야 한다.

> ● 작업원은 작업장에서 껌을 씹거나 음식물을 먹거나 담배를 피우거나, 침을 뱉어서는 아니 된다.

78. HACCP 검증 4가지 형태에 해당하지 않는 것은?

① 확인　　　② CCP의 검증　　　③ 제품 시험　　　④ 감사　　　⑤ 제품 설명

> ● HACCP 계획의 확인, 중요 관리점의 검증, 제품 시험, 감사 등이 있다.

79. HACCP의 7원칙 중 첫 번째에 해당되는 것은?

① 중요 관리점의 설정　　　② 위해 분석　　　③ 관리기준의 설정
④ 모니터링 방법의 설정　　　⑤ 개선 조치

80. 돼지불고기의 조리 온도를 130℃로 명시했다면 HACCP의 7원칙 중 어디에 해당되나?

① 위해요소의 분석　　　② CCP의 식별　　　③ CL의 설정
④ 모니터링　　　⑤ 시정 조치

> ● 관리기준의 설정은 각 중요 관리점과 관련된 예방조치상에서 허용 한계치를 설정한다.

81. 위해분석에 대한 설명 중 바르지 못한 것은?

① 위해분석을 하지 않을 경우 중요한 위해를 빠트릴 수 있다.
② 위해분석을 하지 않으면 제조 공정이 컨트롤되지 않는다.
③ 위해분석을 하지 않으면 문제가 있는 식품이 제조될 우려가 높다.
④ 중요관리점을 설정하여 적절한 정보를 수집할 수 있다.
⑤ 모든 공정에서 위해분석을 실시할 필요는 없다.

> ● 위해요소의 분석과 위험 평가는 계획 작성의 기본 작업이며 제품에 따라 발생할 우려가 있는 모든 식품 위생상의 위해에 대해서 당해 위해의 원인이 되는 물질을 명확히 한다.

82. 위해분석 내용에 해당하지 않는 것은?

① 건강에 미치는 악영향 정도   ② 제품의 기능성 평가
③ 발생 가능성에 대한 정성, 정량 평가   ④ 위해 미생물의 증식
⑤ 독소의 생성 및 지속성

➡ 위해요소 분석 작업표에 모든 공정의 단계를 열거, 각 단계별로 모든 잠재적인 생물학적, 화학적 및 물리적 위해요소를 식별, 중대 위해요소를 결정, 예방책을 식별 등이 해당된다.

83. 위해요소 특성법상 살균하지 않은 식품으로 위해에 민감한 사람에 해당하는 A등급에 해당하는 식품은?

① 유아식   ② 생과자   ③ 도시락   ④ 어육 연제품   ⑤ 식빵

84. 위해분석에 필요한 정보수집 방법에 해당하지 않는 것은?

① 역학 정보   ② 원재료의 오염 실태조사
③ 제조 환경의 오염 실태조사   ④ 제조 가공 조건의 측정
⑤ 관리기준의 설정

➡ 역학 정보, 원재료, 제조 환경 등의 오염 실태조사, 제조 가공 조건의 측정, 종사자로부터 청문 조사, 종사자 작업 실태의 육안 확인, 보존 시험, 미생물 접종 시험, 예측 모델의 사용 등이 해당된다.

85. 식품안전 관리상 위험 온도 구역과 시간에 해당하는 것은?

① 30℃~70℃에서 2시간   ② 30℃~70℃에서 4시간
③ 5℃~60℃에서 2시간   ④ 5℃~60℃에서 4시간
⑤ 5℃~60℃에서 6시간

➡ 신선한 식품 원재료도 5℃~60℃에서 4시간 이상 방치하면 부착한 세균이 식품 속의 영양분을 섭취하고 증식하여 식중독을 일으킬 수 있는 위험 균량에 도달하게 된다.

86. 다음은 HACCP 7원칙 중 어느 단계를 설명한 것인가?

> 엄중하게 관리할 필요가 있으며 또한 위해 발생을 방지하기 위하여 관리할 수 있는 절차, 조작 단계

① CCP   ② CL   ③ 모니터링   ④ 개선 조치   ⑤ 위해 분석

➡ CCP란, 특히 엄중히 관리할 필요가 있으며, 또한 위해의 발생을 방지하기 위하여 관리할 수 있는 절차, 조작, 단계를 말한다.

답 82.② 83.① 84.⑤ 85.④ 86.①

87. 위해를 관리함에 있어서 그 허용 한계를 구분하는 모니터링의 기준을 무엇이라 하는가?

① CL   ② CCP   ③ SSOP   ④ CP   ⑤ CQP

➡ CL이란, 각 중요관리점과 관련된 예방조치 상에서 허용 한계치를 설정하는 것을 말함

88. CCP가 정확히 관리되고 있음을 확인하며 또는 검증 시에 이용할 수 있는 정확한 기록의 기입을 위하여 관찰, 측정 또는 시험검사를 하는 것을 무엇이라 하는가?

① SSOP   ② 모니터링   ③ 중요 관리점   ④ 관리 기준   ⑤ 개선 조치

➡ 모니터링이란, 중요 관리점 감시 관리 요건을 설정하고, 공정 조정과 관리 유지를 위해 모니터링의 결과를 이용할 절차를 마련하는 것을 말한다.

89. CCP에서 모니터링 결과 어떤 기준이 CL을 초과한 경우 등 CCP가 적절히 컨트롤되고 있지 못함이 인정된 때에 강구하는 조치는?

① 검증   ② 기록   ③ 개선 조치
④ 위해분석   ⑤ 중요 관리점 설정

➡ 위해 허용 한도에서 이탈이 발생할 경우 시정 조치를 해야 한다.

90. 다음 중 검증의 방법에 포함되지 않는 것은?

① 제품 등의 시험검사   ② 기록의 점검
③ 불평 또는 회수의 원인 분석   ④ 실시 계획의 정기적인 확인
⑤ 미생물의 병원성

➡ 제품 등의 시험 검사, 기록의 점검, 중요 관리점에서의 모니터링에 사용되는 계측기기의 교정, 불평 또는 회수의 원인 분석, 실시 계획의 정기적인 확인 등이 포함된다.

91. 모니터링 결과의 기록에 해당하지 않는 것은?

① 기록 양식의 명칭   ② 기록한 일시
③ 제품을 특정할 수 있는 명칭   ④ 위반의 원인을 조사한 기록
⑤ 기록, 점검자의 서명

92. 위생관리가 HACCP 계획에 따라 시행되고 있는지 또는 수정이 필요한지 여부를 판정하기 위한 방법, 절차, 시험검사를 하는 것을 무엇이라 하는가?

① 검증 ② 문서 기록 ③ 개선 조치 ④ 위해분석 ⑤ 허용 한도

○ Codex 11단계에서는 HACCP 시스템이 바르게 작동하고 있다는 것을 검증하는 절차를 수립한다.

93. 검증 작업에 규정해야 할 사항이 아닌 것은?

① 빈도 ② 담당자
③ 검증 결과에 따른 조치 ④ 검증 결과의 기록 방법
⑤ HACCP 계획 전체의 수정

○ HACCP 시스템의 검토와 기록, 이탈 및 처리의 검토, CCP가 관리하에 있음을 확인, 가능하면 확인 작업은 HACCP 계획의 모든 요소가 효율적이라는 것을 확인하는 단계를 포함해야 한다.

94. Codex의 4단계에 해당하는 것은?

① HACCP팀 구성 ② 제품의 특징 기술
③ 제품의 사용 방법 ④ 제조 공정의 흐름도
⑤ 위해분석

○ Codex 4단계는 시작부터 종료까지 HACCP 계획의 전 범위를 망라하는 공정도를 작성한다.

95. HACCP 12절차 중 1단계는?

① HACCP팀 구성 ② 중요 관리점 결정
③ 한계 기준 설정 ④ 감시 방법(모니터링) 확립
⑤ 문서화 및 기록 유지

○ Codex 1단계는 HACCP팀을 구성하고 HACCP 계획의 목적과 범위를 결정한다.

96. HACCP 12단계 중 최종 단계는?

① 검증 ② 개선 조치 ③ 한계 기준 설정
④ 감시 ⑤ 문서화 및 기록 유지

○ Codex 최종 단계는 HACCP 시스템을 문서화하기 위한 효과적인 기록 유지 절차를 수립한다.

97. 화학적 위해 허용 한도를 설정할 때 그 내용에 포함되지 않아도 되는 것은?

① pH   ② Aw   ③ NaCl의 농도
④ 지방   ⑤ 무게

     ❖ pH, 수분활성도, 염분 농도, 지방, 단백질, 섬유질, 탄수화물, 당분 및 비타민 함유율 등이 포함된다.

98. 우리나라에서 HACCP를 보건복지부장관이 법으로 규정한 연도는?

① 1980년   ② 1997년   ③ 2000년
④ 2001년   ⑤ 2002년

     ❖ 1997년 10월 30일 보건복지가족부장관. 보건복지가정부고시 제 1997-80호

99. CQP란?

① 관리 기준   ② 중요 품질 관리점   ③ 중요 관리점
④ 위해 요인   ⑤ 공급자 품질 보증

     ❖ CQP는 품질상, 환경적 혹은 종업원의 건강 및 안전상 위해요소가 방지되거나 제거되거나 허용 수준으로 감소되는 단계이다

100. HACCP의 적용을 받고자 하는 작업장 시설에 있어서 조건에 미달되는 것은?

① 건물은 오염 발생원으로부터 영향을 받지 않는 거리를 유지
② 작업장은 위생적인 상태를 유지
③ 작업장의 작업실은 오염 구역과 비오염 구역으로 구분
④ 바닥은 내수성의 자재 사용
⑤ 작업장의 내벽은 나무로 이중벽을 설치

101. 모니터링 담당자가 갖추어야 할 요건에 해당하지 않는 것은?

① CCP 모니터링 기술에 대하여 교육훈련을 받아둘 것
② CCP 모니터링의 중요성에 대하여 충분히 이해하고 있을 것
③ 위반 사항에 대하여 행정적 조치를 취할 직위에 있을 것
④ 모니터링을 하는 장소에 쉽게 이동(접근)할 수 있을 것
⑤ 모니터링의 결과를 정확히 기록하고 보고할 수 있을 것

     ❖ CCP 모니터링 기술을 교육받아야 한다, 모니터링의 중요성을 이해해야 한다, 결과의 기록을 정확히 할 수 있어야 한다, 이탈이 발생할 경우 즉시 보고할 수 있어야 한다.

답 97.⑤ 98.② 99.② 100.⑤ 101.③

102. 다음 중 품질에 위해를 주는 것이 아닌 것은?

① 담배꽁초　　　　② 페인트 조각　　　　③ 머리카락
④ 영양　　　　　　⑤ 병 조각

> ○ 식품에서 발견되는 담배꽁초, 페인트 조각, 껌 혹은 머리카락, 소맥에서의 부족한 단백질 함량, 흠이 있는 오렌지, 크기가 다른 토마토, 탄 빵, 깨끗하지 못하게 제공된 식당의 음식, 바닥에 떨어진 고기 파이, 제품 사양의 불일치 등이 있다.

식품매개 질병관리

문제 및 해설

CHAPTER 03

식품매개 질병관리

1. 분류학상 미생물은 어디에 속하는가?

① 양치식물　　② 현화식물　　③ 엽상식물　　④ 종자식물　　⑤ 선태식물

▶ 엽상식물이란 줄기, 잎, 뿌리의 구별이 없는 식물로 미생물은 여기에 속한다.

2. 곰팡이는 다음 중 어느 균류에 속하는가?

① 원핵균류　　② 진핵균류　　③ 조류　　④ 분열균류　　⑤ 파지균류

▶ 곰팡이, 효모는 핵막, 인, 미토콘드리아가 있는 진핵균류에 속한다.

3. 다음 중에서 원시핵균류에 속하는 미생물은 어느 것인가?

① 곰팡이　　② 효모　　③ 세균　　④ 바이러스　　⑤ 조류

▶ 세균은 분열균류로 원시핵균류에 속한다

4. 다음 중 병원성균으로 사람에게 유해한 병원균은?

① 젖산균　　② 대장균　　③ 콜레라균　　④ 장구균　　⑤ 고초균

5. 곰팡이의 증식법은?

① 출아증식　　② 분열증식　　③ 사출증식　　④ 무포자증식　　⑤ 포자증식

▶ 곰팡이는 포자에 의해 증식하고 효모는 출아법으로 세균은 분열법으로 증식한다.

6. 식품 중 미생물상의 형성에 영향을 주는 요소가 아닌 것은?

① 식품의 성분　　② 산화환원 전위　　③ 수분활성　　④ pH　　⑤ 압력

▶ 압력은 가열이 병행되지 않는 한 미생물상과는 직접 관계가 없다.

답 1.③　2.②　3.③　4.③　5.⑤　6.⑤

7. 동물 기생성 세균의 발육 증식온도는?

① 10℃ 전후   ② 15℃ 전후   ③ 30℃ 전후   ④ 50℃ 전후   ⑤ 60℃ 이상

➡ 대부분의 세균은 주로 중온균에 속하며 30℃ 전후에서 생육한다.

8. 미생물 검사를 위한 검체의 채취, 운반 방법에 대한 설명 중 바르지 않은 것은?

① 검체는 로트마다 따로따로 채취할 것
② 이물이 혼입이나 미생물의 2차 오염이 일어나지 않도록 채취할 것
③ 채취 기구는 일반 용기를 사용하고 반드시 무균적으로 채취할 필요는 없다.
④ 채취한 검체는 4시간 이내에 검사할 수 있도록 운반할 것
⑤ 봉인이 필요한 경우에는 복원이 불가능한 방법으로 봉인할 것

➡ 검체의 채취 시에는 이물의 혼입이나 오염이 절대 일어나지 않도록 하고, 채취한 검체는 채취 시의 성상
이 될 수 있는 한 변화되지 않도록 유지하여 운반하여야 하며 다음 사항에 특히 주의하여야 한다.

① 검체는 로트마다 따로따로 채취할 것
② 이물의 혼입이나 미생물의 2차 오염이 일어나지 않도록 채취할 것
③ 멸균된 기구 및 용기 포장을 사용하고 될 수 있는 한 무균적으로 채취할 것
④ 검체를 넣는 용기는 검체의 종류 및 형상, 검사 항목 등에 알맞은 것으로써 운반, 세척, 멸균하기에 편
리한 것을 사용
⑤ 복원이 불가능한 방법으로 봉인할 것
⑥ 미리 정해진 방법과 다른 방법 등으로 검체를 채취하여 운반하였을 때에는 그 사항을 기록하여 둘 것
⑦ 검체 송부표를 첨부할 것
⑧ 운반 시 : 이물 혼입, 검체 오염, 파손, 손상, 해동, 혼동 등이 일어나지 않도록 주의
⑨ 부패 및 변패하기 쉬운 것은 5℃ 이하로 유지, 채취한 후 4시간 이내에 검사할 수 있도록 운반
⑩ 단시간에 검사기관에 운반할 것

9. 세균의 분류 기준으로 적합하지 않은 것은?

① 산소 요구도   ② 포도당의 자화 능력   ③ 세포의 형태
④ Gram 염색성   ⑤ 포자의 형성 능력

➡ 포도당의 자화 능력은 효모와 곰팡이가 갖고 있다.

10. 일반적인 세균의 형태는?

① 계란형   ② 레몬형   ③ 소시지형   ④ 균사상형   ⑤ 막대형

➡ 세균의 형태는 주로 간균(막대형균)과 구균 그리고 나선형으로 되어 있다.

답 7.③ 8.③ 9.② 10.⑤

11. 세균의 Gram 염색과 관계가 깊은 것은?

① 세포벽   ② 세포막   ③ 편모   ④ 세포질   ⑤ 세포핵

➡ 그람염색은 세포벽에 염색의 탈색 여부와 관계가 깊다.

12. 다음 무기염류의 균체에서의 역할과 관계가 적은 것은?

① 세포의 구성 성분   ② 물질대사의 조효소   ③ 세포 내의 삼투압 조절
④ 점질물의 형성   ⑤ 호흡 및 당분대사

➡ 무기질은 세포의 구성, 물질대사, 삼투압 조절, 호흡 및 당분대사에 관계한다.

13. 여름철에 많이 발생하는 식중독 중 발생 빈도가 가장 높은 것은?

① 자연독   ② 화학성 식중독   ③ 곰팡이독
④ 세균성 식중독   ⑤ 황변미 중독

➡ 세균성 식중독은 습도가 높고, 온도가 높은 여름철에 폭발적으로 발생한다.

14. 식중독의 범주에 속하지 않는 것은?

① 곰팡이독 중독   ② 수은 중독   ③ 이질균 중독
④ 독버섯 중독   ⑤ 황변미 중독

➡ 이질균은 병원균으로 식중독과는 거리가 멀다.

15. 우리나라에서 발생하는 세균성 식중독균 중 그 발생 빈도가 가장 높은 것은?

① 살모넬라균   ② 포도상구균   ③ 장염비브리오균
④ 보틀리누스균   ⑤ 웰치균

➡ *Salmonella enteritidis*에 의한 살모넬라증은 전 세계적으로 가장 흔하게 보고되는 감염증의 하나이다. 지난 20년 동안 살모넬라증 발생이 2배가 된 것은 중앙 집중 생산과 대규모 공급의 현대 식품 산업의 출현과 관계가 있는 것 같다.
Sal. typhimurium 출현은 완전한 달걀의 내용물에 오염되며 산란용 닭의 난소에 침입하는 병원균의 병원성과 관계가 있다. Sal. enteritidis는 번식용에서 산란용 닭에 수직적으로 전파될 수 있다.

16. 세균성 식중독이 가장 많이 발생하는 계절은?

① 겨울   ② 봄   ③ 여름   ④ 가을   ⑤ 계절과 관계없음

답 11.① 12.④ 13.④ 14.③ 15.① 16.③

17. 우리나라의 경우 식중독이 가장 많이 발생한 장소는?

① 가정   ② 음식점   ③ 호텔   ④ 집단급식소   ⑤ 회사

   ◑ 식중독은 다량 조리를 하는 집단급식소에서 발생률이 가장 높다.

18. 세균성 식중독의 3대 증상은?

① 설사, 구토, 복통   ② 빈혈, 구토, 발열   ③ 요통, 빈혈, 오심
④ 설사, 빈혈, 오심   ⑤ 이미증, 복통, 발열

   ◑ 세균성 식중독은 설사, 구토, 복통이 주를 이루며 살모넬라에서는 발열을 볼 수 있다.

19. 다음 중 감염형 식중독에 해당하지 않는 것은?

① 살모넬라 식중독   ② 포도상구균 식중독   ③ 장염비브리오 식중독
④ 병원성대장균 식중독   ⑤ 캄피로박터 식중독

구 분	식중독균	잠복기	주요 증상
감염형	*Salmonella*	12~24시간	설사, 복통, 발열, 두통, 구토
	장염 *Vibrio*균	12~18시간	설사, 복통, 구역질, 구토, 발열
	병원성 대장균	10~30시간(유아는 짧다.)	복통, 설사, 발열, 구토, 구역질
	*Campylobacter*균	2~7일	설사, 복통, 두통, 발열
	장관침습성 대장균	2~3일	오한, 전율, 발열, 구토, 설사
	Yersinia enterocolitica	1~4일	복통, 발열, 설사

20. 다음 중 감염형 식중독을 일으키는 균종이 아닌 것은?

① *Salmonella enteritidis*   ② *Vibrio parahaemolyticus*   ③ *Escherichia coli*
④ *Staphylococcus aureus*   ⑤ *Proteus morganii*

21. 달걀과 밀접한 관계를 가진 식중독은?

① 포도상구균 식중독   ② 장염비브리오 식중독   ③ 병원성대장균 식중독
④ 살모넬라 식중독   ⑤ 보툴리누스 식중독

   ◑ 살모넬라 감염의 유행을 조사해서 추적된 원인 식품들은 육류와 그 가공품이 제일 많으며, 부적합하게 요리된 닭고기나 달걀과 그 가공품, 날 소시지, 가열되지 않은 우유와 유제품, 감염된 요리사나 쥐의 분변으로 오염된 음식물 등도 원인 식품으로 작용한다.

22. 식중독에 감염되어 증상이 발생하면 심한 고열을 수반하는 식중독은?

① 리스테리아 식중독　　② 캄피로박터 식중독　　③ 살모넬라 식중독
④ 장염비브리오 식중독　⑤ 포도상구균 식중독

◎ 살모넬라 식중독은 식품 1g당 107 이상의 균을 섭취하면 12~24시간의 잠복기를 거쳐 발병하며 증상의 특징은 38~40℃의 고열을 동반한 급성위장염이다. 경증의 경우 복통, 설사는 1~2회이나, 중증의 경우에는 1일 수회로부터 수십 회로 3~4일간 지속하며 대량이며 또한 때로는 혈변도 있다. 체온은 38℃가 24~48시간 지속하는 것이 보통이다.

23. 여름철에 해산 어류를 생식하여 감염될 수 있는 식중독은?

① 장염비브리오 식중독　② 포도상구균 식중독　　③ 살모넬라 식중독
④ 보툴리누스 식중독　　⑤ 웰치 식중독

◎ 장염 브리오균은 비브리오과에 속하는 병원성 호염균으로 주로 설사를 심하게 하는 식중독 세균으로 이 균에 의해 일어나는 식중독은 오염된 해산물, 특히 갑각류와 연체류의 소비와 관계가 깊다. 해수 온도가 17℃ 이상으로 상승하게 되면 동물성 플랑크톤에 붙어 수온 상승과 함께 그곳에서 증식하여 해수로 나온다. 따라서 연안 지역에서 잡히는 어패류는 당연히 장염비브리오균에 오염되어 있고, 특히 여름철에는 오염 정도가 현저히 높다.

24. 급성위장염 및 설사 현상과 밀접한 관계를 가진 식중독은?

① 살모넬라 식중독　　　② 병원성대장균 식중독　③ 포도상구균 식중독
④ 장염비브리오 식중독　⑤ 보툴리누스 식중독

◎ 장염비브리오 식중독의 증상은 심한 복통, 설사, 발열(37~38℃), 구역질, 구토로써 특히 상복부에 견딜 수 없을 만큼의 심한 통증이 있다. 설사는 일반적으로 수양성 변이지만, 때때로 이질 모양의 출혈성 설사변이 나오는 경우도 있다. 설사 횟수는 수회로부터 10회 이상인 경우도 있다. 사망률은 극히 낮으나 노약자에서는 탈수에 의한 심쇠약사(心衰弱死)를 일으키는 경우도 있다.

25. 성인보다는 젖먹이 어린아이들에게 문제가 되는 식중독은?

① 병원성대장균 식중독　② 살모넬라 식중독　　　③ 장염비브리오 식중독
④ 포도상구균 식중독　　⑤ 리스테리아 식중독

◎ 장관병원성 대장균(Enteropathogenic E. coli ; EPEC)은 유유아의 여름 설사증 환자로부터 분리된 것으로 유유아는 미량의 균에 의해서 발병하고 2차 감염이 된다. 현재 전 세계적으로 유아 설사 원인균으로 알려져 있어 특히 유유아에 있어서는 전염병과 같은 예방 대책이 필요하다. 그러나 학동기 이상에서는 살모넬라 식중독의 경우처럼 식품을 매개로 해서 전염되며 오심, 구토, 복통, 설사, 발열 등의 증상을 나타낸다. 감염 경로는 분변-경구감염으로 오염된 식품 또는 유아용 유동식, 토양에서 올 수 있다.

답 22.③ 23.① 24.④ 25.①

26. 황색포도상구균 식중독의 원인 독소는?

① Tetrodotoxin　　　② Enterotoxin　　　③ Solanine
④ Histamine　　　　⑤ Neurotoxin

❂ 황색포도구균이 생성하는 독소중 식중독을 일으키는 균체외독소는 식품 중에서 증식해서 생산되는 enterotoxin(장관독)이다. Enterotoxin의 분자량은 26,360~28,494의 단백질로 항원 특이성에 따라 A, B, C, D, E형 5종류가 있다.

27. 식중독을 유발하는 포도상구균은?

① 백색 포도상구균　　　② 레몬색 포도상구균　　　③ 황색 포도상구균
④ 자색 포도상구균　　　⑤ 청색 포도상구균

❂ 황색포도상구균 식중독의 잠복기는 원인 식품 중 enterotoxin량 및 독소에 대한 감수성의 차이에 의해 차이가 있지만 대체로 1~6시간, 평균 3시간의 짧은 잠복기를 거치는데, 이는 다른 세균성 식중독에 비해서 대단히 짧은 것이 특징이며 이 식중독을 추정하는 중요한 열쇠가 된다.

28. 다음 중 인수공통감염병이 아닌 것은?

① 결핵, 탄저　　　② 파상열, 야토병　　　③ 성홍열, 이질
④ 돈단독, Q열　　　⑤ 부루셀라증

❂ 주요 인축공통감염병으로는 결핵, 브루셀라증, 탄저병, 야토병, 돈단독, 리스테리아증, 광우병이 있다. 성홍열은 용혈성 연쇄상구균(*Streptococcus haemolyticus*)의 감염으로 이 균이 편도선에서 증식하여 생성된 독소가 혈액 중에 이행되므로 전신에 확산되는데, 특히 피부의 혈관에 충혈을 일으켜서 발적이 생긴다. 이 질병은 이른 봄이나 이른 겨울에 많이 발생하며 대부분의 감염은 환자와의 직접 접촉에 의한 것이 많고, 균은 환자나 보균자의 장관에 서식하기 때문에 분변과 함께 배출된다.

29. 다음 중 병원체가 세균인 감염병은?

① 콜레라　　② 급성회백수염　　③ 간염　　④ 뇌염　　⑤ 홍역

❂ 급성회백수염, 간염, 뇌염, 홍역 등은 바이러스에 의한 감염병이다.

30. 다음 식중독 중 조리사의 화농소와 밀접한 관계를 갖는 것은?

① 황색포도상구균 식중독　　　② 살모넬라 식중독　　　③ 병원성대장균 식중독
④ 보툴리누스 식중독　　　⑤ 장염비브리오 식중독

❂ 황색포도상구균은 사람이나 동물의 피부, 점막 및 장관 등에 정착하여 있으며, 오염 경로는 식품 취급자의 편도선염이나 손가락 등의 화농성 염증에 의한 오염이 많으며, 쥐에 의한 오염도 많이 일어나고 있다. 그러나 포도상구균은 자연계에 널리 분포하고 있기 때문에 오염 경로도 다양하다.

답　26.②　27.③　28.③　29.①　30.①

31. Allergy상 식중독을 유발하는 원인 미생물은?

① *Serratia marcescens* ② *Proteus morganii* ③ *Proteus vulgaris*
④ *Proteus rettgeri* ⑤ *Proteus mirabilis*

◐ 식중독 원인균인 *Proteus morganii*가 원인 식품에 번식하여 단백질을 분해시킴으로써 발생되는 분해 산물인 histamine이 주 원인이 되어서 발생되는 식중독으로 allergy상 증상을 나타내고 antihistamine제에 의하여 경쾌해지므로 allergy상 식중독이라고 명명하였다. 주원인 식품으로는 histidine 함량이 많은 꽁치, 정어리, 전갱이, 고등어, 가다랭이, 다랑어 등의 붉은살 생선과 그 가공품이다. 중독 증상 중 잠복기는 식후 1시간 정도에서 발병하나 빠르면 5분 이내에서도 나타나고 증상은 안부에 열이 나며 붉어지고 전신에 두드러기가 생긴다. 이외에 심한 두통, 오한, 38℃ 전후의 발열, 구토, 설사가 일어나는데 1일 이내에 회복되며 사망하는 경우는 없다.

32. 통조림과 같이 밀봉된 식품이 원인 식품으로 작용하는 식중독은?

① 포도상구균 식중독 ② 살모넬라 식중독 ③ 보툴리누스 식중독
④ 장염비브리오 식중독 ⑤ 웰치 식중독

◐ 보툴리누스 식중독의 원인 식품은 채소나 과실의 통조림과 병조림, 소시지, 햄버거, 생선의 통조림, 생선의 훈제품, 기타 밀봉 상태에 놓여진 식품 등이다. 일반적으로 유럽에서는 햄, 소시지, 조수육이 원인 식품으로 알려져 있으며, 미국에서는 채소나 과일의 통조림, 소련에서는 생선 가공식품이, 프랑스에서는 어류의 훈제품이나 식초절임이 많다.

33. 해수세균으로 장염비브리오 식중독의 원인균은?

① *Bacillus enteritidis* ② *Staphylococcus aureus*
③ *Vibrio parahemolyticus* ④ *Clostridium welchii*
⑤ *Clostridium botulinum*

◐ 장염 브리오균은 비브리오과에 속하는 병원성 호염균으로 주로 설사를 심하게 하는 식중독 세균으로 1950년 일본에서 처음으로 발견되었으며 학명은 *Vibrio parahaemolyticus*이다. 이 균에 의해 일어나는 식중독은 오염된 해산물, 특히 갑각류와 연체류의 소비와 관계가 깊다.

34. 다음 중 화학성 식중독의 원인 물질에 속하지 않는 것은?

① Methanol ② Formaldehyde ③ Boric acid
④ Aflatoxin ⑤ Dulcin

◐ 아플라톡신은 곰팡이인 *Aspergillus flavus*에 의해 생성되는 곰팡이독이다.

답 31.② 32.③ 33.③ 34.④

35. 세균성 식중독 중 신경 증상을 보이는 것은?

① 포도상구균 식중독　　　② 장염비브리오 식중독　　　③ 보툴리누스 식중독
④ 살모넬라 식중독　　　　⑤ 병원성대장균 식중독

　◑ 보툴리누스 중독의 특이적인 증상은 약시, 복시, 무시, 동공산대, 안검하수, 대광반사의 지연 등 안 신경 증상이 나타난다. 그 때문에 발병 초기에는 안과의사에게 진단을 받는 일이 많다. 이들의 증상과 전후하여 혀 신경마비에 의하여 언어장애, 입 마름 등의 증상이 나타난다.

36. 다음은 독소형 식중독에 대한 설명이다. 바르지 못한 것은?

① 균이 생성한 독소에 의해서 발생한다.
② 균 자체에 의해서 발생한다.
③ 독소형 식중독에는 포도상구균 식중독과 보툴리누스 식중독이 있다.
④ 포도상구균이 생성한 독소는 열에 대단히 안정적이다.
⑤ 균 자체는 식중독과 무관하다.

　◑ 균 자체에 의해 나타나는 식중독은 감염형 식중독을 말한다.

37. 하절기 해산 어류의 생식으로 감염되기 쉬운 식중독은?

① 살모넬라 식중독　　　　② 황색포도상구균 식중독　　　③ 병원성대장균 식중독
④ 장염비브리오 식중독　　⑤ 보툴리누스 식중독

　◑ 대부분의 하절기 해산물 및 어류 생식에 의한 식중독은 *Vibrio parahemolyticus*에 의한 식중독이다.

38. 섭취 전에 가열 처리하여도 감염되기 쉬운 식중독은?

① Botulinus 식중독　　　② Staphylococcus 식중독　　　③ Arizona 식중독
④ 장염 Vibrio 식중독　　　⑤ Salmonella 식중독

　◑ 황색포도상구균(*Staphylococcus*)이 생성하는 독소 중 식중독을 일으키는 균체외독소는 식품 중에서 증식해서 생산되는 enterotoxin(장관독)이다. 식품 또는 배지에서 장독소는 높은 내열성을 가지고 있어서 100℃에서 40분간 가열해도 불활성화 되지 않으므로 이를 파괴하기 위해서는 유지(돈지)에서 210℃로 30분간 가열하여야 한다. 그러므로 일단 식품 중에 이 독소가 산생되면 보통의 조리 방법으로는 식중독을 피할 수 없다.

39. 다음 중 우리나라에서 발생되었다는 보고가 없는 식중독균은?

① 살모넬라 식중독　　　　② 황색포도상구균 식중독
③ 장염비브리오 식중독　　④ 병원성대장균 식중독　　　⑤ 보툴리누스 식중독

답 35.③　36.②　37.④　38.②　39.⑤

40. 다음은 살모넬라 식중독에 대한 설명이다. 바르지 못한 것은?

① 원인 식품은 육류 및 그 가공품이다.　② 인·축에 다같이 발병 가능하다.
③ 달걀에 의해서 감염될 수 있다.　④ 원인균은 *Bacillus cereus*이다.
⑤ 보균자나 쥐·파리 등이 매개한다.

◎ 살모넬라는 분류학적으로는 장내세균과(Enterobacteriaceae)에 속하는 Gram음성 주모성 간균으로 아포를 형성하지 않는 호기성 또는 통성혐기성균이다. 대표적인 것은 다음의 세균을 들 수 있다.
S. enteritidis, S. typhimurium, S. cholerae suis, S. derby, S. thompson, S. anutum S. heidelgerg, S. senftenberg, S.infantis, S. newington, S. montevideo, S. blockley S. scharzengrund

41. 다음은 세균성 식중독의 특징을 경구감염병과 비교한 것이다. 틀린 것은?

① 잠복기가 길다.　② 2차 감염이 없다.
③ 면역이 형성되지 않는다.　④ 균의 양이나 독소에 의해서 발생한다.
⑤ 원인 식품에 기인한다.

구 분	세균성 식중독	소화기계 감염병
균량	식품 중에 일정량 이상의 식중독 원인 물질(균량이나 독소)을 섭취함으로써 발병할 수 있다.	식품은 단순히 병원균의 운반체로써 존재하므로 미량의 병원균이 체내에 침입되어도 발병할 수 있다.
2차 감염	원인 식품의 섭취로 발병하기 때문에 2차 감염은 일어나지 않는다.	사람에서 사람으로 직·간접으로 전염력을 가지고 있기 때문에 2차 감염이 발생할 수 있다.
면역	식중독균은 생체 내에서 항체를 생성하지 못하므로 면역체가 형성되지 않는다.	병원체에 의한 질병 이환 후 해당되는 항체에 의해 면역체가 형성된다.
음료수와의 관계	비교적 관계가 적다	흔히 일어난다
잠복기	식품에서 증식된 균의 양 및 독소에 의해서 발생되므로 비교적 잠복기가 짧다.	병원체의 종류에 따라 다소의 차이는 있으나 식중독균에 비하여 비교적 잠복기가 길다.

42. 복어 체내에 독성분이 가장 많이 존재하는 부위는?

① 피부　② 근육　③ 난소　④ 지느러미　⑤ 아가미

◎ 복어의 유독 성분은 tetrodotoxin($C_{11}H_{17}N_3O_8$)으로 복어 체내 분포는 난소에 가장 많고, 그 다음은 장과 피부순이며 근육에는 가장 적다. 계절별로는 난소의 무게가 가장 커지는 산란기 직전인 4~6월에 독력이 강하다.

43. 식물성 자연독 중 독버섯의 유독 성분인 것은?

① Muscarine   ② Ergotoxin   ③ Saxitoxin
④ Enterotoxin   ⑤ Venerupin

구 분	독성분	독 성	잠복기	증 상
알광대버섯 흰알광대버섯 독우산광대버섯	amanitatoxin	맹독 (치명적)	6~12시간	구토, 설사, 간 및 신장장애, 경련, 혼수 사망률 70%
광대버섯 파리버섯 땀버섯	muscarine	강독	1~2시간	구토, 설사, 어지러움, 시력장애, 흥분, 의 식불명
화경버섯 노랑버섯 외대버섯	lampterol 또 는 illudin	독		심한복통, 구토, 설사, 호흡장애
독깔대기버섯	critidine	독	수일	손발말단 통증, 환부 붉게 부음, 증세 지 속 기간이 김(1개월)
미치광이버섯		독		구역질, 현기증, 신경계통 자극에 의한 흥분으로 평형감각 상실, 환각, 실신 회 복이 빠름(1일)

44. 황변미란 쌀에 어떤 미생물의 번식에 의해서 나타나는가?

① 바이러스   ② 곰팡이   ③ 세 균   ④ 원충류   ⑤ 조 류

○ 곰팡이 중의 황변미균인 *Penicillium citrinum*, *Penicillium citreoviride*, *Penicillium toxicarium*, *Penicillium islandicum* 등이 있다.

45. 황변미의 원인균이 아닌 것은?

① *Penicillium citrinum*   ② *Penicillium islandicum*
③ *Penicillium notatum*   ④ *Penicillium citreoviride*
⑤ *Penicillium toxicarium*

46. 감염형 식중독이란?

① 세균이 분비하는 독소에 의한 것이다.　　② 세균 자체에 의한 것이다.

③ 화학물질에 의한 것이다.　　④ 자연독에 의한 것이다.

⑤ 곰팡이가 분비하는 독소에 의한 것이다.

❍ 식품 중에 세균이 증식한 상태에서 그 생균을 대량 경구적으로 섭취 시 이것이 장관내 정착, 증식해서 복통, 설사, 구토, 발열 등의 증상을 일으키는 식중독으로 Salmonella, 장염 Vibrio, 병원성 대장균, Camphylobacter 등이 이에 속한다.

47. 식중독 원인 물질 중 바지락과 같은 패류에서 유래된 독소는?

① Enterotoxin　　　　② Ergotoxin　　　　③ Solanin

④ Amygdalin　　　　⑤ Venerupin

❍ 모시조개(바지락, *Venerupis semidecusata*)나 굴(*Crassostrea gigas*) 등이 유독 성분을 섭취하여 그 중장선에 유독 성분이 축적, 유독화된 것이 원인이 되어서 발생되는 식중독으로 유독 물질은 venerupin($C_6H_{15}NO_3$)이다.

48. Methanol 중독 시 가장 큰 문제가 되는 것은?

① 두통　　　　② 실명　　　　③ 마취　　　　④ 구토　　　　⑤ 설사

❍ Methanol 중독 증상으로는 두통, 어지러움, 복통, 설사, 시신경장애, 실명이 있다.

49. Mycotoxin이란?

① 곰팡이의 대사산물이다.　　② 세균의 대사산물이다.

③ 효모의 대사산물이다.　　④ 조류의 대사산물이다.

⑤ 버섯의 유독성분이다.

❍ 곰팡이 독(mycotoxin)은 동물의 생체에 기생하여 발병하는 의진균증(mycosis)과는 달리, 곰팡이가 발육하는 과정에서 생산하는 2차 대사산물 중 사람 및 동물에 질병이나 이상한 생리작용을 유발하는 물질을 총칭하는 것으로 mycotoxin에 의해 일어나는 질병을 진균독증 또는 곰팡이독증(mycotoxicosis)이라고 한다.

50. 다음 중 Aflatoxin을 생산하는 곰팡이는?

① *Penicillium islandicum*　　② *Penicillum citrinum*

③ *Aspergillus flavus*　　④ *Aspergillus niger*

⑤ *Penicillium citreoviride*

❍ 곰팡이독 Aflatoxin을 생산하는 곰팡이는 *Aspergillus flavus*와 *Aspergillus paracticus*가 있다.

📘 46.② 47.⑤ 48.② 49.① 50.③

51. Botulinus균이 생산한 neurotoxin에 대한 설명 중 틀린 것은?

① 120℃에서도 파괴되지 않는다. ② 혐기성 상태에서 생성된다.
③ 신경계 증상을 수반한다. ④ 외독소의 일종이다.
⑤ pepsin에 의해 분해되지 않는다.

○ neurotoxin는 보툴리누스 아포와는 달리 열에 약해서 어느 것이나 80℃, 15분 또는 100℃, 2~3분 가열하면 파괴되어 활성을 잃는다.

52. Mycotoxin에 대한 설명 중 틀린 것은?

① 탄수화물이 풍부한 곡류에서 많이 발생한다.
② 순정균류가 분비하는 독소 ③ 세균에서 분비되는 독소의 일종
④ Aflatoxin과 같은 독소가 여기에 속한다. ⑤ 곰팡이에 의해서 생성된다.

○ Mycotoxin은 탄수화물이 풍부한 쌀, 땅콩, 보리 또는 목초 등의 특정한 식품이나 사료의 섭식과 관련이 있다. 과거의 중독 예를 보면 탄수화물이 풍부한 농산물이나 곡류가 압도적이다. 곰팡이의 2차 대사산물에는 항생물질도 있으나, 이것은 미생물에 대해 생육 또는 생존을 저해한다는 점에서 mycotoxin과 구별된다. 식품과 사료에 번식하는 곰팡이 중에서는 여러 가지 mycotoxin을 생산하는 균종이 있으며, 이들에 의해 오염되었을 때 mycotoxin은 통상적인 조리 온도에서는 안정적이라는 것과 aflatoxin과 같이 오염된 사료를 주면 그 동물의 생산물에서 환원되어 온다.

53. Aflatoxin의 생성 조건과 거리가 먼 것은?

① 상대습도 80~85%에서 대부분 생성된다. ② 발암성은 거의 없다.
③ 탄수화물이 많은 곳에서 생성된다. ④ 자외선에서 불안정하다.
⑤ 생성 온도는 25~30℃이다.

○ Aflatoxin은 수분 16% 이상, 온도 25~30℃, 상대습도 80~85% 이상의 탄수화물이 풍부한 쌀, 보리, 옥수수 등의 곡류에서 생성된다. 특히 땅속에서 결실하기 때문에 aflatoxin 생성 곰팡이와 접촉할 기회가 많은 땅콩은 자연 오염 농산물이라 할 수 있으며, 낮과 밤의 기온차가 심한 경우에도 aflatoxin의 생성이 증가하는 것으로 나타나 있다.
Aflatoxin에 대한 질병을 예방하기 위해서는 곡류 저장 시 상대습도를 70% 이하로, 곡류 중의 수분은 옥수수, 밀 13% 이하, 땅콩은 7% 이하로 하는 것이 좋다.

54. 다음 중 연결이 잘못된 것은?

① Amygdalin — 미숙한 매실 ② Solanin — 감자
③ Atropin — 미치광이풀 ④ Venerupin — 바지락
⑤ Ergot — 독보리

○ 보리씨에는 유독 alkaloid인 temulin이 약 0.06% 함유되어 있다.

55. 식중독 발생의 관리 대책과 거리가 먼 것은?

① 원인 식품의 색출
② 환자의 위세척 및 치료
③ 예방접종과 환자의 격리 치료
④ 식품의 가열처리 및 냉장
⑤ 음식물의 위생적 저장과 조리

56. 식중독의 예방 대책과 거리가 먼 것은?

① 냉장 보관
② 위생적인 조치
③ 조리사의 위생관리
④ 환자의 격리 조치
⑤ 가열처리 후 섭취

57. 독버섯의 일반적인 특징이 아닌 것은?

① 색이 아름답고 선명하다.
② 점액이 없으며 공기 중에 변색되지 않는다.
③ 악취가 난다.
④ 신맛이 난다.
⑤ 대부분 유즙을 분비한다.

⭕ 버섯의 살이 세로로 갈라지는 것은 무독하고 가로로 갈라지는 것은 유독하며 색이 매우 아름답고 색다른 맛이나 향이 있는 것, 줄기가 거칠거나 점조성인 것, 쓴맛, 신맛을 내는 것, 버섯을 끓였을 때 나오는 증기에 은제 식기가 검은색으로 변하면 유독하다. 또한 냄새가 이상하거나 맛이 쓰고 자극성이 있는 경우, 곤충이나 동물이 먹은 흔적이 없는 경우, 음지에서 발생하는 버섯의 대부분 유독하다.

58. 장염비브리오균이 잘 발육할 수 있는 식염의 농도는?

① 3~4%
② 10~15%
③ 1~2%
④ 20~30%
⑤ 0.1~0.5%

⭕ 장염비브리오균은 해수성으로 해수의 염농도와 같은 2~4% 식염 농도 전후에서 가장 잘 번식하는 저도 호염성으로 10% 식염에서는 발육이 억제된다.

59. 황색포도상구균 식중독과 거리가 먼 것은?

① 다른 식중독에 비해 잠복기가 짧다.
② 비교적 발생률이 높다.
③ 발열 증상이 없다.
④ 독소는 내열성이다.
⑤ 원인균은 표피상 포도구균이다.

⭕ 포도상구균은 생화학적 성상에 따라 황색포도상구균(*Staphylococcus aureus*), 부생포도상구균(*Staphylococcus saprophyticus*), 표피상포도상구균(*Staphylococcus epidermidis*)의 3종으로 분류되는데 이 중에서 식중독 등 병원성을 가지는 것은 황색포도상구균이다.

🔲 답 55.③ 56.④ 57.② 58.① 59.⑤

60. Yersinia 식중독 관련 설명으로 맞지 않는 것은?

① 그람음성 간균으로 장내세균과에 속한다.
② 4℃의 저온에서도 생육하는 저온 발육균이다.
③ 사람에게의 감염은 돈육을 통하여 일어난다.
④ 성상은 배양 온도에 상관없이 구균이다.
⑤ 원인균은 *Yersinia enterocolytica*로 알려져 있다.

➡ Yersinia 식중독균은 그람음성 간균으로 장내세균과에 속하며 저온에서도 발육하는 저온 발육세균이며 균체는 작고 간 구균으로 30℃ 내외에서는 운동성이 있으나 37℃에서는 운동성이 없어진다.

61. 식중독의 발생 원인으로 가장 발생 빈도가 높은 것은?

① 세균성   ② 화학성   ③ 식물성   ④ 동물성   ⑤ 곰팡이독

➡ 식중독의 원인은 세균을 비롯해서 자연독, 화학물질 등이 있으나 전 세계적으로 발생 빈도가 가장 높은 것은 세균이다.

62. 화학성 식중독의 원인이 되는 유해 금속에 해당되지 않는 것은?

① 비소   ② 납   ③ 카드뮴   ④ 칼슘   ⑤ 수은

63. 화학물질 식중독의 연결이 잘못 설명된 것은?

① 비소 – 식품첨가물 중의 불순물에서 혼입
② 주석 – 통조림, 도기 안료에서 산성 식품에 용출
③ 카드뮴 – 에나멜 코팅 용기에서 용출
④ 구리 – 녹청으로 산성 식품에 용출
⑤ 수은 – 공장폐수에서 혼입

➡ 카드뮴은 산성 식품에 의해 용출될 수 있다.

64. 합성수지를 제조한 식기에서 용해 생성되는 유해 물질은?

① Benzopyrene   ② Formaldehyde   ③ Methanol
④ n-nitroso화합물   ⑤ Aflatoxin

➡ 기구, 용기 및 포장재 등으로부터 용출되어서 식품으로 이행되는 유해물질은 아연, 비소, 카드뮴 등의 유해금속, formaldehyde 등이 있다.

답 60.④ 61.① 62.④ 63.③ 64.②

65. 미강유에 의한 가네미유증의 원인이 되었던 유해 물질은?

① Cu   ② Hg   ③ Pb   ④ PCB   ⑤ Cd

66. 범랑 제품이나 도기의 유약 성분에서 문제시되는 중금속 중에 Ca의 체외 유실을 유발시키는 것은?

① Cr   ② Hg   ③ Pb   ④ As   ⑤ Cd

> ◉ 카드뮴은 주로 도자기 등의 범랑 제품의 유약에서 유출 Ca의 체외 유실을 유발시켜 골연화증 등을 유발시킬 수 있다.

67. 골연화증을 유발할 수 있는 원인 물질은?

① Fe   ② Cd   ③ Hg   ④ As   ⑤ Ca

68. 인수공통감염병 중 병원체가 바이러스인 것은?

① 파상열   ② 탄저병   ③ 공수병   ④ 야토병   ⑤ 돈단독

69. 다음 감염병 발생의 요소 중 숙주 축 요인에 해당되는 것은?

① 미생물   ② 기생충   ③ 상수 및 하수
④ 유전적인 요인   ⑤ 공동 급수

70. 다음 감염병 중 직접 전파로써 전염이 되는 것은?

① 페스트   ② 홍역   ③ 말라리아   ④ 재귀열   ⑤ 발진티푸스

71. 예방접종이란 어느 형태의 면역을 획득하기 위함인가?

① 자연능동면역   ② 인공능동면역   ③ 자연수동면역
④ 인공수동면역   ⑤ 자연선천면역

72. 다음 감염병 중 활성 전파체에 의해 계절적으로 전파되는 것으로써 대표적인 것은?

① 일본뇌염   ② 간디스토마   ③ 공수병   ④ 이질   ⑤ 유행성 간염

73. 다음 환자의 구분 중 임상적인 증세 파악과 치료에 빨리 접근할 수 있는 환자는?

① 은닉 환자   ② 간과 환자   ③ 전구기 환자
④ 현성 환자   ⑤ 불현성 환자

🔲 65.④ 66.⑤ 67.② 68.③ 69.④ 70.② 71.② 72.① 73.④

74. 예방접종이 감염병 관리상 갖는 의미는?

① 전염원의 제거　　　　② 환경의 관리　　　　③ 병원소의 제거
④ 검역 및 지역 파악의 효과　　⑤ 감수성 숙주의 관리

75. 인공능동면역으로써 toxoid를 이용하는 감염병은?

① 백일해, 소아마비　　　② 콜레라, 뇌염　　　　③ 디프테리아, 파상풍
④ 황열, 광견병　　　　　⑤ 결핵, 장티푸스

76. 유행성 간염에 대한 설명 중 잘못된 것은?

① 병원소는 환자의 분변, 인후부 분비물, 혈액 등이다.
② 병원체는 바이러스이다.
③ 사람에서는 1년 동안 바이러스를 보균한다.
④ 황달을 일으킨다.
⑤ 간장이 붓고 간경변이 온다.

77. 채소로부터 감염되는 기생충이 아닌 것은?

① 회충　　　　　　　　② 구충　　　　　　　　③ 무구조충
④ 동양모양선충　　　　　⑤ 편충

　➡ 무구조충은 식용 동물(쇠고기)에 의한 기생충 감염이다.

78. 성충은 주로 맹장에 기생하면서 항문 주위에 산란하는 기생충은?

① 회충　　　　　　　　② 요충　　　　　　　　③ 편충
④ 구충　　　　　　　　⑤ 동양모양선충

　➡ 요충에 의한 장해는 주로 충체가 산란하기 위하여 항문으로 나오기 때문에 항문 주위나 회음부에 소양증이 생긴다. 심하게 긁으면 발적, 찰상이 생기며, 어린이의 경우 잠을 자지 않고 신경질이 심해져 수축해 진다. 많은 수가 기생하면 장카타르를 일으키거나 충수염(appendicitis)을 일으킨다. 무의식적으로 긁은 후 손을 입에 넣어 자가 감염의 원인이 될 때가 많다.

79. 쇠고기를 생식함으로써 감염될 수 있는 기생충은?

① 유구조충　　　　　　② 무구조충　　　　　　③ 선모충
④ 톡소플라즈마　　　　　⑤ 간디스토마

　➡ 무구조충(민촌충)은 쇠고기나 양고기, 유구조충(갈고리촌충)은 돼지고기를 생식할 때 감염된다.

답 74.⑤ 75.③ 76.③ 77.③ 78.② 79.②

80. 제1 중간숙주가 왜우렁이이고 제2 중간숙주인 담수어를 생식하여 감염되는 기생충은?

① 요꼬가와흡충 ② 광절열두조충 ③ 간디스토마(간흡충)
④ 폐디스토마(폐흡충) ⑤ 아니사키스

> ● 간디스토마는 담관에 기생하고 있는 성충이 배출한 충낭은 분변과 함께 외계에 나와 물속으로 들어간다. 충낭은 제1 중간숙주인 왜우렁이에게 먹힌 다음 부화하고 유모유충(miracidium) → 포자낭충(sporocyst) → 레디아유충(redia) → 유미유충(cercaria)의 과정을 거쳐 발육한다. 그리고 다시 물속으로 빠져나와서 제2 중간숙주인 담수어(피라미, 붕어, 잉어)에게 먹히면 그 피하조직이나 근육조직 내에 침입하여 피낭유충(metacercaria)이 된다. 사람이 이러한 민물고기를 생식하면 유충은 장내에 들어가서 탈낭하고 담관에 기생하여 성충이 된다.

81. 간디스토마의 기생 경로 중 인체에 감염될 수 있는 상태는?

① 유충 ② 유미유충 ③ 피낭유충
④ 레디아 ⑤ 포자낭 유충

> ● 제1 중간숙주인 왜우렁이에게 먹힌 다음 부화하고 유모유충(miracidium) → 포자낭충(sporocyst) → 레디아유충(redia) → 유미유충(cercaria)의 과정을 거쳐 발육한다. 그리고 다시 물속으로 빠져나와서 제2 중간 숙주인 담수어(피라미, 붕어, 잉어)에게 먹히면 그 피하조직이나 근육조직 내에 침입하여 피낭유충(metacercaria)이 된다.

82. 가재나 게를 생식함으로써 감염될 수 있는 기생충은?

① 간디스토마 ② 선모충 ③ 폐디스토마
④ 무구조충 ⑤ 유구조충

> ● 폐디스토마 성충은 사람뿐만 아니라 육식동물의 폐조직에 충낭을 형성, 그 속에 기생하고 있으며 충란은 객담과 함께 외계에 배출된다. 물속에서 부화되며 유모유충(有毛幼蟲 :miracidium)은 제 1중간숙주인 다슬기에 침입한다. 유미유충은 제2 중간숙주인 참가재, 참게, 동남가재, 말똥가재 등의 게와 가재에 들어가 직경 0.3~0.4mm의 피낭유충(meracercaria)이 되는데 중간숙주가 다슬기를 섭식함으로써 이루어진다. 이러한 게나 가재를 사람이 생으로 먹으면 감염되며 가재나 게에서 유리된 피낭유충이 물속에 생존하여 있을 경우 그 물을 마시면 감염된다.

83. 다음 중 경구감염병이 아닌 것은?

① 콜레라 ② 이질 ③ 장티푸스 ④ 소아마비 ⑤ 말라리아

84. 우유 매개성 감염병이 아닌 것은?

① 결핵 ② 장염 비브리오 ③ 디프테리아 ④ 부루셀라증 ⑤ 장티푸스

답 80.③ 81.③ 82.③ 83.⑤ 84.②

85. 경구감염병에 대한 대책에서 가장 중요한 것은?

① 식품을 냉장한다.　　② 보균자의 식품 취급을 막는다.
③ 가축의 질병을 예방한다.　　④ 식품 취급 장소의 공기 소독을 철저히 한다.
⑤ 감염병 환자를 격리시킨다..

　○ 경구감염병에 대한 대책 중 가장 중요한 것은 환자, 특히 경증 환자 또는 보균자를 조기 발견하여 식품의 제조, 취급, 조리 등에 종사시키지 말아야 한다.

86. 경구감염병의 예방 방법이 아닌 것은?

① 배설물 소각　　② 감염 경로 차단　　③ 음성비누로 세척
④ 환경위생 철저　　⑤ 약물 소독

　○ ① 보균자의 식품 취급 금지
　　② 식품의 원료는 위생적으로 처리한 신선한 것을 사용
　　③ 보존에 주의, 생식을 가능한 한 금지
　　④ 사용하는 물에 주의
　　⑤ 식품을 취급하는 사람은 특히 손을 잘 씻고 소독을 철저히 할 것
　　⑥ 기구, 식기는 깨끗이 씻고 소독할 것
　　⑦ 쥐, 파리, 바퀴 등의 침입을 방지하고 이들을 구제할 것
　　⑧ 작업장을 청결하게 할 것
　　⑨ 예방접종 실시

87. 소독의 효과가 없는 것은?

① 석탄산　　② 붕산수　　③ 포르말린　　④ 크레졸　　⑤ 젖산

　○ 소독의 효과가 있는 것은 석탄산, 붕산수, 포르말린, 크레졸 등이 있다.

88. 돼지와 관계없는 질병은?

① 선모충　　② 일본뇌염　　③ 유구조충
④ 톡소플라즈마　　⑤ 발진티푸스

89. 감염병 전파에서 파리와 관계가 없는 것은?

① 파라티푸스　　② 장티푸스　　③ 이질
④ 디프테리아　　⑤ 발진티푸스

답　85.② 86.③ 87.⑤ 88.⑤ 89.④

90. 다음 중 소화기계 감염병이 아닌 것은?

① 이질   ② 콜레라   ③ 디프테리아   ④ 장티푸스   ⑤ 파라티푸스

91. 호흡기계 감염병이 아닌 것은 다음 중 어느 것인가?

① 백일해   ② 콜레라   ③ 디프테리아   ④ 천연두   ⑤ 홍역

92. 감자 중에 독성분이 많이 들어 있는 부분은?

① 속껍질   ② 싹튼 부분   ③ 앞   ④ 노란 부분   ⑤ 줄기

> ○ 싹이 튼 발아 부위와 햇빛에 노출되어 생기는 녹색 부위에는 solanine의 함량이 증가하게 되는데, 그 함량이 0.2~0.48g/kg 이상일 때는 중독의 위험성이 있으므로 주의해야 한다.

93. 모시조개의 유독 성분은?

① Cholin   ② Venerupin   ③ Tetrodotoxin
④ Solanine   ⑤ Muscarine

> ○ 유독 물질은 venerupin($C_6H_{15}NO_3$)으로 바지락의 학명인 *Venerupis semidecusata*에 따라 붙여진 이름이다.

94. 화학성 식중독의 원인이 아닌 것은?

① 불량 첨가물   ② 대사 과정 중 생성된 독성 물질
③ 방사능 물질   ④ 저장 중 흡입된 유해 물질
⑤ 불량 감미료 오용

> ○ ① 불허용 첨가물
> ② 우연히 혼입되는 경우(유해 금속, 열 매체 등)
> ③ 기구, 용기 및 포장재 등으로부터 용출되어서 식품으로 이행되는 경우
>   (아연, 비소, 카드뮴 등의 유해 금속, formaldehyde 등)
> ④ 제조, 가공, 및 저장 중에 생성되는 유해 물질
>   (nitrosamine류, 변이원성 물질, formaldehyde)
> ⑤ 환경오염에 의한 유해 물질
>   (유해 금속, 농약, 방사선 물질, 항생 물질, 유해 유기화합물질 등)

답 90.③ 91.② 92.② 93.② 94.②

95. 조개류 유독화의 원인 생물은?

① 세균   ② 바이러스   ③ 중금속
④ 유독화된 플랑크톤   ⑤ 기생충

◐ 조개독은 먹이사슬(food chain)을 통해 유독 plankton에 의해 생성된 독소를 조개류가 섭취하여 체내에 축적하는 외인성으로 알려져 있다. 유독 plankton은 적조(赤潮) 등에 의해서 생성되므로 적조가 발생한 해역에서 잡은 조개류는 섭취를 삼가는 것이 바람직하다.

96. Benzopyrene에 관한 설명 중 틀린 것은?

① 식품 중에서 구운 불고기에만 존재한다.
② 다핵 방향족 화합물이다.
③ 발암성 물질이다.
④ 대기오염 물질 중의 하나이다.
⑤ 훈연한 육제품에 존재한다.

◐ Benzopyrene 화석연료 등에 불완전 연소 과정에서 생성되는 다환 방향족 탄화수소의 한 종류로 인체에 축적된 경우 각종 암을 유발하고 돌연변이를 일으키는 환경 호르몬이다. 숯불에 구운 쇠고기 등 가열로 검게 탄 식품, 담배연기, 자동차 배기가스, 쓰레기 소각장 연기 등에 벤조 피렌이 포함되어 있다. 이물질은 세계보건기구(WHO)에서 발암물질로 지정해 놓고 있으나 아직까지 기준치는 없는 실정이다.

97. 공중낙하균이 식품가공에 미치는 영향 중 관계가 적은 것은?

① 전분질 식품 및 연제품 오염의 주원인
② 식품의 품질 저하에 영향
③ 1차 오염의 주원인
④ 곰팡이의 포자가 된장 발효식품의 원동력
⑤ 장류식품의 발효 인자 형성

◐ 공중낙하균이란 공중에 존재하는 세균을 가르키는 용어로 보통 세균이 먼지에 묻어 공중에 떠다니는 정도로 일시적인 경우에 해당된다. 예를 들어 이들의 검사법으로 공중세균을 열어둔 배지에 낙하시키는 방법 등이 있다.

─────────────────────────

답 95.④   96.①   97.①

98. 곰팡이의 발생 조건과 거리가 먼 것은?

① 건조식품이 외계에 노출되어 온도가 높으면 발생
② 수분 40% 이하에 도달하여 세균의 증식이 저지되었을 때
③ pH 4.0 이하의 산성 조건에 식품이 보관되었을 때
④ 수분활성도가 0.30 이하의 식품
⑤ 고농도의 식염을 함유한 식품

> ○ 내건성 곰팡이(Xerophilic mold)는 Aw가 0.62로 낮은 값을 갖는 곰팡이도 있으며 또 많은 곰팡이는
> Aw 1.0 부근에서도 생육할 수 있다.

99. 감염병 생성의 3대 요소인 것은?

① 병인, 숙주, 환경   ② 물, 온도, 습도   ③ 기압, 온도, 식품
④ 환경, 온도, 습도   ⑤ 숙주, 압력, 습도

100. 화학적 소독제의 구비 조건이 아닌 것은?

① 살균력이 강할 것   ② 인체에 대하여 독성이 없는 것
③ 냄새가 없을 것   ④ 수용성일 것
⑤ 값이 고가일 것

101. 항생물질이 인체에 이행되는 경로에 해당하지 않는 것은?

① 식품에서 자연적으로 형성되는 경우
② 재료 가공상 필요로 하는 첨가물인 경우
③ 동물의 사료에 첨가 또는 유래되는 경우
④ 식품 중의 성분과 반응하여 생긴 경우
⑤ 농약에 첨가되어 농작물에 잔류되는 경우

102. 식품 중에 잔존된 항생물질이 인체에 미치는 영향이라고 볼 수 없는 것은?

① 균교대현상 유발   ② 내성균 유발   ③ 화학성 식중독 유발
④ 급성 및 만성 독성 유발   ⑤ Allergy 발현

103. 63℃ 30분 가열로 미생물을 살균하는 저온살균의 지표 미생물은?

① 결핵균   ② 콜레라균   ③ 장티푸스균   ④ 이질균   ⑤ 나병균

> ○ 결핵균이란 사람에 침범하는 인형균, 소에 침범하는 우형균, 조류에 침범하는 조형균, 세 종류가 있다.
> 예방법으로는 결핵균은 열에 약하므로 반드시 가열살균 처리해야 한다.

답 98.④ 99.① 100.⑤ 101.④ 102.③ 103.①

104. 앞으로 식중독이 증가할 것으로 생각되는 이유가 아닌 것은?

① 학교급식의 확대   ② 외식 기회 증가   ③ 제조 공정의 향상
④ 식품의 대량 생산   ⑤ 난방시설의 확충

105. 음식물에 의한 감염병의 특징으로 잘못 설명한 것은?

① 매우 빠르게 집단으로 발생한다.
② 계절에 관계없이 발생한다.
③ 잠복기가 대체로 짧다.
④ 발병률이 대체로 높다.
⑤ 일반적으로 기온이 높은 시기에 발생한다.

   ◑ 음식물에 의한 감염병은 기온이 상승하는 초여름부터 하절기에 많이 발생하고 있다.

106. 경구전염의 병원균을 가장 잘 설명한 것은?

① 냉동하면 쉽게 죽는다.   ② 열에 대한 저항력이 약하다.
③ 대부분 포자 형성균이다.   ④ 식중독 세균보다 잠복기가 짧다.
⑤ 다량의 균에 의해 감염된다.

   ◑ 경구감염병은 음식물에 의한 전염, 매개 전염, 토양으로부터의 전염이 대표로서 열에 조리하여 식품을
섭취하면 예방할 수 있다.

107. 식품 중 대장균 검사의 의의는?

① 부패 여부 판정   ② 신선도 측정   ③ 식중독의 원인 규명
④ 분변 오염의 지표   ⑤ 변질 여부 판정

108. 병원성 대장균과 일반 대장균을 구별할 수 있는 근거는?

① 혈청형   ② 독소 생산성   ③ 그람 염색성
④ 단백질의 분자량   ⑤ 편모의 생성 유무

   ◑ 일반 대장균과 병원성 대장균 사이에는 항원성의 차이가 있어서 혈청학적으로만 이들을 구별할 수 있다.

109. 식품의 미생물상 형성에 영향을 미치는 인자가 아닌 것은?

① 미생물 사이의 길항작용　　　② 식품 중의 영양소　　　③ 기압
④ 식품 중의 산화환원 전위　　　⑤ 수분활성

　🔁 미생물상 형성에 영향을 주는 인자로는 미생물 사이에서는 길항 및 공생 작용, 식품에서는 영양, pH, 산화환원 전위, 수분활성, 항균 물질, 생물학적 조직 구조, 외부 환경에서는 보관 온도, 상대 습도, 가스 조성 (CO_2, O_2압 등) 등이 있고, 그밖에 사람이 인위적으로 작용시키는 가공 및 저장 방법이 있다.

110. 일반 세균이 번식하기 쉬운 온도는?

① 0~25℃　　　② 25~35℃　　　③ 10~25℃　　　④ 35~45℃　　　⑤ 45~55℃

　🔁 일반 세균은 중온성 온도 : 20℃~37℃ 저온성 온도 : 최적 17℃ 이하

111. 일반적으로 중온균(호온균)의 범위 온도는?

① 0~25℃　　　② 25~35℃　　　③ 35~45℃　　　④ 45~55℃　　　⑤ 55~65℃

　🔁 발육 가능 온도는 10~40℃, 최적 온도는 30~37℃의 중온균이다.

112. 미생물의 발육 저지 방법 중 자외선 살균은 어느 파장에서 효과적인가?

① 1,000~1,500 Å　　　② 1,500~2,200 Å　　　③ 2,000~2,300 Å
④ 2,500~2,800 Å　　　⑤ 3,000 Å~3,500 Å

113. 식품을 검사하기 위해 샘플을 무상으로 수거할 수 있는 경우에 해당하지 않는 것은?

① 도소매업에서 판매하는 식품 등을 시험 검사용으로 수거할 때
② 유통 중인 불량 식품을 수거할 때
③ 수입 식품을 검사할 목적으로 수거할 때
④ 부정 식품을 압류할 때
⑤ 부정 식품을 폐기하여야 할 때

114. 물엿이나 벌꿀 등의 식품을 수거할 때 수거량은?

① 200g(ml)　　　② 300g(ml)　　　③ 400g(ml)
④ 500g(ml)　　　⑤ 600g(ml)

115. 세균검사를 위해서 식품을 채취한 경우 몇 시간 이내에 검사를 하는 것이 이상적인가?

① 2시간　　　② 3시간　　　③ 4시간　　　④ 5시간　　　⑤ 6시간

116. 우리나라에서 가장 많이 발생하는 식중독은?

① 살모넬라 식중독　　　② 포도상구균 식중독　　　③ 장염비브리오 식중독
④ 병원성대장균 식중독　　　⑤ 웰치 식중독

　● 우리나라에서는 세균성 식중독 중 살모넬라 식중독이 발생 건수가 1위를 차지하고(환자 수 1위) 있다.

117. 다음 중 식중독에 걸리기 쉬운 그룹에 해당하지 않는 것은?

① 신체불구자　　　② 에이즈 감염자　　　③ 당뇨병 환자
④ 고령자　　　⑤ 면역기능 손상자

118. 식중독 출현에 영향을 미치는 요소라 볼 수 없는 것은?

① 면역부전 환자의 증가　　　② 식습관의 변화　　　③ 산업기술의 발달
④ 해외여행의 증가　　　⑤ 항생물질에 대한 미생물의 감수성 증가

　● 항생물질에 대한 미생물의 감수성 증가는 식중독의 출현에 대한 영향을 미치지 못한다.

119. 균이 생성한 식중독의 원인 독소는 열에 강하지만 균 자체는 열에 약한 식중독균은?

① 살모넬라균　　　② 황색포도상구균　　　③ 병원성대장균
④ 장염비브리오균　　　⑤ 아리조나

　● 황생포도상구균은 80℃에서 10분 가열로 죽지만 균체가 생성한 enterotoxin은 내열성이 대단히 크다.

120. 식중독 중에서 생체 내 독소형에 대한 설명 중 틀린 것은?

① 장관 내에서 독소가 생성된다.
② 식품에서 생성된 독소에 의해서 식중독이 발생한다.
③ 원인균은 웰치이다.
④ 감염형과 독소형의 중간 형태이다.
⑤ 독소는 위산에 의해 쉽게 불활성화된다.

　● 웰치균의 enterotoxin은 세포 증식 시에는 존재하지 않고, 아포 형성 시 생성된 enterotoxin이 균체의 융해와 함께 유리되어 위장염 증상을 발현하는 것으로 알려져 있다.

121. Aflatoxin이란 무엇인가?

① Rickttsia 독   ② Yeast 독   ③ Virus 독
④ Bacteria 독   ⑤ Mold 독

⬮ Aflatoxin은 곰팡이(Mold)독(Mycotoxim)이다.

122. 살모넬라 식중독을 예방하기 위한 원칙에 위배되는 것은?

① 설사 환자는 식품 취급을 금지한다.
② 가축이나 애완동물의 관리를 철저히 한다.
③ 도살장, 식품가공공장의 위생관리를 철저히 한다.
④ 식품을 섭취하기 전에 반드시 가열한다.
⑤ 식품의 보관은 항상 실온에서 한다.

⬮ 식품의 보관은 항상 냉장온도에서 해야 한다.

123. 장염비브리오 식중독에 대한 설명 중 올바른 것은?

① 균체외독소를 생성하는 독소형이다.
② 해수세균으로 바다 생선이 원인 식품이다.
③ 장관 내에서 독소를 생성한다.
④ 치사율이 대단히 높다.
⑤ 우리나라에서 발생된 사례는 없다.

⬮ 장염비브리오는 해수성으로 해수의 염농도와 같은 2~4% 식염 농도 전후에서 가장 잘 번식하는 저도 호염성으로 바다 생선이 원인 식품이다.

124. 어떤 식품을 섭취한 후 20여 시간 후에 고열이 발생하였다면 무슨 식중독이라고 짐작되는가?

① 포도상구균 식중독   ② 보툴리누스 식중독   ③ 살모넬라 식중독
④ 장염비브리오 식중독   ⑤ 병원성대장균 식중독

⬮ 살모넬라 식중독은 12~24시간의 잠복기를 거쳐 발병하며 증상의 특징은 38~40℃의 고열을 동반한 급성위장염이다.

125. 가나가와 현상과 밀접한 관련성을 갖고 있는 것은?

① 포도상구균   ② 에로모나스균   ③ 아리조나균
④ 장염비브리오균   ⑤ 병원성대장균

  ⟳ 장염 비브리오균 중에서 환자로부터 분리된 균주는 특수한 혈액한천배지로 배양하면, 발육한 균의 주변에 투명한 용혈환을 나타내는데 반하여, 해수와 어패류에서 유래하는 균주의 대부분은 용혈성을 나타내지 않는 가나가와 현상이 있다.

126. O-157 : H7 대장균은?

① 장관출혈성 대장균이다.
② 독소원성 대장균이다.
③ 장관병원성 대장균이다.
④ 장관조직침입성 대장균이다.
⑤ 장관정착성 대장균이다.

  ⟳ O-157 : H7은 사람의 장관에 출혈을 야기하는 대장균이다.

127. 소나 양의 유산을 일으키는 세균으로 최근에 사람에게 식중독을 일으키는 것으로 알려진 식중독균은?

① 병원성대장균 식중독   ② 리스테리아 식중독   ③ 예르시니아 식중독
④ 캄필로박터 식중독   ⑤ 아리조나 식중독

  ⟳ 캄필로박터 식중독은 소나 양의 유산을 일으키는 세균으로 사람과의 관계에 대해선 별다른 주목을 끌지 못하다가 1972년 처음으로 사람의 설사 환자 분변에서 검출되었고, 1980년 식중독의 원인균으로 확인되었다.

128. 황색포도상구균의 enterotoxin에 대한 설명 중 바르지 못한 것은?

① 장관독이다.
② 열에 대단히 안정적이다.
③ 단백질 분해효소에 의해 쉽게 불활성화된다.
④ 산이나 알칼리에 안정적이다.
⑤ pH 9.0 이상에서 생성되지 않는다.

  ⟳ Enterotoxin은 단백질임에도 불구하고 trypsin, chymotrypsin, papain 등의 단백질 분해효소에 의해 불활성화되지 않는다.

129. 식품을 100℃에서 가열 후 섭취했는데도 식중독이 발생하였다면 어느 균으로 추정할 수 있는가?

① 비브리오 식중독
② 황색포도상구균 식중독
③ 병원성대장균 식중독
④ 살모넬라 식중독
⑤ 예르시니아 식중독

  ◐ 황색포도상구균 식중독은 높은 내열성을 가지고 있어서 100℃에서 40분간 가열해도 불활성화되지 않는다.

130. Allergy성 식중독을 일으키는 원인 세균은?

① *Vibrio parahemolyticus*
② *Proteus morganii*
③ *Staphylocdccus aureus*
④ *Salmonella enteritidis*
⑤ *Proteus vulgalis*

  ◐ *Proteus morganii*은 원인 식품에 번식하여 단백질을 분해시킴으로써 발생되는 분해산물인 histamin이 주원인이 되어서 발생되는 식중독으로 allergy상 증상을 나타낸다.

131. 가정에서 식품을 보존하는 방법이 잘못된 것은?

① 냉장고에 식품을 보관한다.
② 식육 등을 취급한 후에는 반드시 손을 씻는다.
③ 냉장고는 10℃ 이하로 유지하는 것이 좋다.
④ 냉장고에는 가능한 빈 공간이 없도록 식품을 채운다.
⑤ 식품을 바닥에 두지 않도록 한다.

  ◐ 냉장고와 냉동고에는 지나치게 많이 넣지 않도록 하며, 2/3 정도만 넣는다.

132. 복어의 독성 물질이 가장 많이 존재하는 부위는?

① 난소와 간장   ② 아가미   ③ 근육   ④ 피부   ⑤ 정소

  ◐ 복어의 난소와 간장은 대부분의 종류가 맹독 또는 강독으로 복어 중독의 주원인이 된다.

133. 버섯의 유독 성분 중 가장 맹독성으로 125,000배로 희석하여도 작용을 나타내는 것은?

① Muscarine　　　② Phaline　　　③ Cholin
④ Neurin　　　　　⑤ Agaric acid

　○ Phaline은 알광대버섯, 독우산광대버섯의 유독 성분으로 맹독성이고 125,000배로 희석하여도 작용을 한다.

134. 미생물과 관련이 없는 식중독은?

① 살모넬라 식중독　　② 황변미 식중독　　③ Ergotoxin 식중독
④ Aflatoxin 식중독　　⑤ Amygdalin 식중독

　○ Amygdalin은 미숙한 매실에 함유된 cyan 배당체로 이들은 체내에서 가수분해 효소에 의해 가수분해되어 청산(HCN)을 유리하고 청산은 호흡효소계의 cytochrome oxidase를 저해하여 조직 호흡을 급속히 저하시키는 식중독이다.

135. 살모넬라 식중독과 관계되는 것은?

① 신경계 증상　　　② 부패 통조림　　　③ 호염성
④ 쥐, 고양이의 분뇨　　⑤ 어패류

　○ 살모넬라는 사람, 가축, 쥐, 곤충류 등의 분뇨에 오염된 식품을 섭취했을 때 감염된다.

136. 면실유 정제가 불충분할 때 남는 독성 물질은?

① Ergotoxin　　　② Amygdalin　　　③ Cicutoxin
④ Gossypol　　　　⑤ Solanine

　○ Ergotoxin(맥각), Amygdalin(미숙한 매실), Cicutoxin(독미나리), Gossypol(면실유), Solanine(감자)

137. 다음 중 시안 배당체인 유독 성분은?

① Soanine　　　② Gossypol　　　③ Ricine
④ Saponin　　　⑤ Amygdalin

　○ 미숙한 매실이나 살구씨, 복숭아씨 등에는 cyan 배당체인 amygdalin이, 오색콩에는 acetone cyanhydrin과 glucose가 결합된 phaseolunatin이, 수수에는 dhurrin, 벚나무속의 미숙 과일 종자에는 prunasin이 각각 함유되어 있다.

138. 대장균의 설명이다. 올바르지 않은 것은?

① 그람양성 아포성 세균이다.
② 통성 혐기성 단간균이다.
③ 주모균으로 운동성이다.
④ 장내 부패세균으로 오염 지표균이다.
⑤ 유당 발효성으로 가스를 발생한다.

○ 대장균은 그람음성 무아포 간균으로 대부분 모성의 편모가 있어 운동성이 있으며 통성혐기성 단간균으로 포도당과 유당을 분해하여 산과 가스를 생성시킨다.

139. Mycotoxin에 대한 설명 중 잘못된 것은?

① 탄수화물이 풍부한 곡류에서 많이 생성된다.
② 계절과 관련이 있다.
③ 감염형이 아니다.
④ 중독되면 항생물질로 쉽게 치료할 수 있다.
⑤ 원인 식품이 곰팡이에 오염되어 있다.

○ Mycotoxin은 중독이 일어난 동물에 항생물질이나 약제요법을 시행하여도 효과가 없다.

140. 다음 중 식물성 식중독을 일으키는 독성 물질이 아닌 것은?

① Venerupin　　　② Muscarine　　　③ Cicutoxin
④ Gossypol　　　⑤ Sloanine

○ 모시조개(Venerupin), 광대버섯(Muscarine), 독미나리 (Cicutoxin), 목화씨(Gossypol) 감자 (Sloanine)

141. 다음 중 황변미의 원인 물질이 아닌 것은?

① Leuteoskyrin　　　② Islanditoxin　　　③ Ergotoxin
④ Cyclochlorotine　　　⑤ Citreoviridin

○ 황변미의 원인 물질은 Leuteoskyrin, Islanditoxin, Cyclochlorotine, Citreoviridin, Citrinin이다.

142. 다음 중 수인성 감염병이 아닌 것은?

① 장티푸스　　　　　　② 파라티푸스　　　　　　③ 세균성 이질
④ 콜레라　　　　　　　⑤ 소아마비

　◎ 수인성 감염병은 장티푸스, 파라티푸스, 이질, 콜레라, 병원성 대장균, 유행성 간염, 급성회백수염 등이
있다.

143. 세균성 이질의 병원체는?

① *Shigella dysenteria*　　　　② *Entamoeba histolytica*
③ *Salmonella typhi*　　　　　④ *Corynebacterium diphtheria*
⑤ *Vibrio cholerae*

　◎ 세균성 이질의 병원체는 Shigella dysenteria(A군), S. flexneri(B군), S. boydii(C군) 및 S. sonnei(D
군) 등이 있다.

144. 장티푸스에 대한 설명 중 틀린 것은?

① 제2급 감염병이다.
② 그람음성 간균으로 운동성을 가진다.
③ 치유된 후에도 일정 기간 균을 배출한다.
④ 40℃ 정도의 고열을 수반한다.
⑤ 예방접종은 톡소이드가 효과적이다.

　◎ 장티푸스는 제2급 감염병이고, 그람음성 간균으로 운동성을 가지며, 치유된 후에도 일정 기간 균을 배출
한다. 또한 40℃ 정도의 고열을 수반한다.

145. 다음 중 콜레라에 대한 설명 중 바른 것은?

① 원인균은 열에 대한 저항성이 강하다.
② 대단히 높은 고열을 수반한다.
③ 설사와 구토가 심하므로 수분 손실이 많아 갈증과 탈수가 심하게 나타난다.
④ 사망하는 경우는 없다.
⑤ 겨울철에 주로 발생한다.

　◎ 우리나라에서 1976년 유행하여 많은 사망자가 발생하였다.

146. 소화기계 감염병에 대한 예방 대책의 하나라고 생각되는 것은?

① 식품의 위생관리 철저   ② 영양의 균형 섭취   ③ 조리 방법의 다양화
④ 식품의 유통구조 개선   ⑤ 규칙적인 생활 습관

147. 경구감염병의 예방책이라고 볼 수 없는 것은?

① 식품의 위생적 처리   ② 쥐, 파리, 바퀴 등 구제
③ 식품의 실온 보관과 생식 장려   ④ 보균자의 조기 발견
⑤ 예방접종 실시

◐ 식품의 보존에 주의하여야 하면 생식을 가능한 한 금지해야 한다.

148. 두 개의 중간숙주를 요구하는 기생충은?

① 간디스토마   ② 회충   ③ 요충   ④ 편충   ⑤ 구충

◐ 간디스토마는 제1 중간숙주인 왜우렁이, 제2 중간숙주인 담수어를 요구한다.

149. 해산 어류를 통해서 감염되는 기생충은?

① 유구조충   ② 무구조충   ③ 폐흡충   ④ 아니사키스   ⑤ 편충

◐ 아니사키스는 제1 중간숙주가 고등어, 전갱이, 청어 등이고 제2 중간숙주가 해산 포유류로 해산 어류를 통해서 감염된다.

150. 기생충 중 인체 감염 후 수명이 가장 짧은 것은?

① 회충   ② 광절열두조충   ③ 무구조충   ④ 유구조충   ⑤ 간흡충

◐ 회충은 수명이 감염 후 65~75일로 가장 짧다.

151. 감염 시 인체에 가장 심각한 질환을 유발하는 기생충은?

① 요충   ② 간흡충   ③ 편충   ④ 회충   ⑤ 구충

◐ 간흡충은 간 및 비장의 비대, 복수, 부종, 소화장애, 황달 등이 나타나기 때문에 요충, 편충, 회충, 구충보다는 심각한 질환을 유발하는 기생충이다.

152. 돼지고기를 날것으로 또는 불완전하게 가열하여 섭식함으로써 감염될 수 있는 기생충은?

① 요충   ② 간흡충   ③ 유구조충   ④ 회충   ⑤ 무구조구충

   ⊙ 돼지고기를 날것으로 또는 불완전하게 가열하여 섭식하면 유구조충(돼지고기촌충)에 감염될 수 있다.

153. 돼지고기로 인한 선모충의 감염 예방을 위한 최저 가열 온도는?

① 30℃   ② 45℃   ③ 50℃   ④ 55℃   ⑤ 65℃

   ⊙ 돼지고기를 65℃에서 1시간 동안 가열하거나 −27℃에서 36시간 보존하면 자충은 완전히 사멸되기 때문에 선모충의 감염을 예방할 수 있다.

154. 폐디스토마의 경우 제1 중간숙주에서 마지막으로 변태한 형태는?

① Miracidium   ② Sporocyst   ③ Redia
④ Cercaria   ⑤ Metacercaria

   ⊙ 제2 중간숙주인 참가재, 참게, 동남가재, 말똥가재 등의 게와 가재에 들어가 피낭유충(Metacercaria)이 된다.

155. 횡천흡충(요코가와흡충)의 제2 중간숙주는?

① 소   ② 돼지   ③ 다슬기   ④ 왜우렁이   ⑤ 붕어

   ⊙ 요코가와흡충의 제1 중간숙주는 다슬기, 제2 중간숙주는 잉어과와 은어과에 속하는 20여 종의 담수어류(붕어, 참붕어, 은어 등)이다.

156. 기생충의 예방책에 대한 설명 중 바르지 못한 것은?

① 완전한 분변 처리   ② 정기적인 검진 및 구충
③ 가열 후 섭취   ④ 조리 전 손 세척
⑤ 채소류 세척에는 phenol 사용

   ⊙ 채소류 세척 시에는 잎을 펴서 흐르는 물에 여러 번 씻은 후 열탕에 1분 정도 처리하여야 한다.

답 152.③   153.⑤   154.④   155.⑤   156.⑤

단체급식관리

문제 및 해설

CHAPTER 04

04

단체급식관리

1. 집단급식이란?

① 비영리를 목적으로 특정 다수인에게 계속적으로 식사를 공급하는 것
② 비영리를 목적으로 불특정 다수인에게 계속적으로 식사를 공급하는 것
③ 영리를 목적으로 특정 다수인에게 계속적으로 식사를 공급하는 것
④ 영리를 목적으로 불특정 다수인에게 계속적으로 식사를 공급하는 것
⑤ 영리를 목적으로 인원에 관계없이 계속적으로 식사를 공급하는 것

> ○ 단체급식은 식품위생법 제2조 9호에 의하여 비영리를 목적으로 특정인을 대상으로 계속적으로 식사를 제공하는 것

2. 급식 시설의 공통된 목적에 해당하지 않는 것은?

① 피급식자의 영양 개선과 건강 증진을 도모
② 피급식자의 식비를 경감
③ 피급식자에게 정신적 만족
④ 피급식자에게 식 인식을 고양
⑤ 피급식자 지적 수준 향상

> ○ 급식 시설의 목적은 피급식자의 영양 개선과 건강 증진을 도모, 식비의 경감, 정신적 만족, 급식 관계자 및 사회 일반의 식 인식을 고양한다.

3. 학생들에게 필요한 영양을 공급하고 올바른 식생활 습관을 길러주도록 실시하는 습식의 형태는?

① 사업 급식   ② 학교 급식   ③ 기숙사 급식
④ 사회복지시설 급식   ⑤ 군대 급식

4. 규칙적인 식사를 제공함으로써 생활의 규범은 물론 건강 유지와 체력 단련에 기여를 목적으로 하는 급식 형태는?

① 병원 급식   ② 학교 급식   ③ 군대 급식   ④ 기숙사 급식   ⑤ 사업 급식

답 1.① 2.⑤ 3.② 4.③

5. 위탁 급식의 장점에 해당하지 않는 것은?

① 인건비를 절감할 수 있다.
② 대량 구입으로 식재료를 줄일 수 있다.
③ 복잡한 노무관리의 직접적인 책임을 피할 수 있다.
④ 영양관리가 소홀해질 수 있다.
⑤ 질 높은 서비스를 기대할 수 있다.

◗ 인건비를 절감할 수 있으며, 대량 구입으로 식재료비를 줄일 수 있고, 복잡한 노무관리의 직접적인 책임을 피할 수 있다.

6. 1일 3식을 제공하는 급식 시설에 해당되는 것은?

① 학교 급식   ② 사업체 급식   ③ 기숙사 급식
④ 군대 급식   ⑤ 노숙자 급식

◗ 1일 3회 식사를 제공하는 형태는 병원, 복지시설, 교정시설, 군대급식이 해당

7. 피급식자가 배식과 반납을 하는 형태의 배식 방법은?

① 셀프서비스   ② 쟁반 서비스   ③ 배식원에 의한 서비스
④ 배달 서비스   ⑤ 공급 서비스

◗ 셀프서비스(self service) : 피급식자가 배식과 반납을 하는 형태이다.

8. 피급식자의 주문에 의하여 배식원이 음식을 배식하고 식사가 끝난 후 그릇을 회수하는 방법은?

① 배달 서비스   ② 공급 서비스   ③ 배식원에 의한 서비스
④ 쟁반 서비스   ⑤ 셀프서비스

◗ 배식원에 의한 서비스(waiter-waitress service): 피급식자의 주문에 의하여 식사를 가정이나 작업장으로 배달해 주는 방식이다.

답 5.④ 6.④ 7.① 8.③

9. 단체급식에 대한 다음 설명 중 바르지 못한 것은?

① 단체급식은 동시에 많은 식중독을 일으킬 소지가 있다.
② 유해물질이 식품에 혼입되지 않도록 주의하여야 한다.
③ 종업원의 위생교육은 특별히 실시할 필요가 없다.
④ HACCP를 도입하는 것이 바람직하다.
⑤ 메뉴 구성에 있어서 고객의 불만을 살 수 있다.

◗ 종업원에 대한 위생교육과 주방 및 기기의 위생관리 등을 하여 안전한 급식이 되도록 노력하여야 한다.

10. 한 장소에서 식품을 구입하여 음식을 준비하고 같은 장소에서 피급식자에게 배식이 이루어지는 단체급식의 유형은?

① 커미셔리 급식 제도   ② 전통적인 급식 제도   ③ 예비저장식 급식 제도
④ 조합식 급식 제도   ⑤ 계단식 급식 제도

◗ 전통적인 급식 제도 : 한 장소에서 식품을 구입하여 음식을 준비하고 같은 장소에서 동일한 피급식자에게 배식이 이루어지는 형태이다.

11. 공동 조리장에서 조리되어 급식소로 운반된 다음 그곳에서 해동 · 재가열하여 피급식자에게 배식되는 단체급식의 유형은?

① 커미셔리 급식 제도   ② 전통적인 급식 제도   ③ 예비저장식 급식 제도
④ 조합식 급식 제도   ⑤ 계단식 급식 제도

◗ 커미셔리 급식 제도 : 공동 조리장에서 조리되어 각 급식소로 운반되고 그곳에서 해동, 재가열, 약간의 조미 등을 하여 피급식자에게 배식되는 제도이다.

12. 일상적으로 매일 섭취해야 할 필수영양소가 아닌 것은?

① 당질   ② 지질   ③ 단백질   ④ 아미노산   ⑤ 카드뮴

◗ 필수 영양소 : 당질, 지질, 단백질, 아미노산, 비타민, 무기질

13. 다음 중 필수아미노산이 아닌 것은?

① Lysine   ② Threonine   ③ Histidine   ④ Pepsine   ⑤ Leucine

◗ 필수아미노산 ; Lysine, Isoleucine, Threonine, Tryptophane, Leucine, Valine, Methionine, Phenylalanine, Histidine

14. 다음 중 조리의 목적에 해당하는 것은?

① 노동 비율을 높인다.　　　② 식재료비를 절감시킨다.
③ 시설비를 줄인다.　　　　④ 소화율의 증가로 영양 효율을 높인다.
⑤ 인건비를 줄여 준다.

　⊙ 조리의 목적은 식품이 함유한 영양가를 보유하고, 향신료와 조리법의 변화로 기호성을 증가시켜 조리함으로써 소화율을 증가시키고, 영양 효율을 높이며 위생 면에서 안전성이 증가되어야 하고, 음식의 저장성을 높여야 한다.

15. 단체급식 조리를 위한 선행 조건에 해당되지 않는 것은?

① 조리 전 식품의 전처리 과정이 필요하다.
② 싱크대 · 조리대 등의 철저한 살균 · 소독을 실시한다.
③ 조리원의 개인위생을 청결히 한다.
④ 간단한 화농염증 질환자는 조리에 종사해도 상관없다.
⑤ 조리에 적절한 온도가 유지되도록 한다.

　⊙ 단체급식 조리를 위한 선행 조건 : 식품의 구매, 검수, 보관 전처리 과정, 싱크대, 조리대, 도마, 칼 등의 철저한 세정 및 살균 · 소독을 해야 하며, 조리원의 올바른 식품 취급 습관, 작업에 소요되는 시간, 작업량, 조리 종사자의 숙련도 및 능력, 근무 의욕, 가공식품의 사용 여부에 따라 영향을 받는다.

16. 급식 생산 계획에 포함되지 않는 것은?

① 생산할 음식　　　② 생산량　　　③ 식수 인원
④ 생산 방법　　　　⑤ 위해물질 분석

　⊙ 급식 생산 계획이란 식단을 기초로 생산할 음식 및 생산량, 식수 인원, 생산 방법, 생산 시기와 장소, 조리원 결정 등을 기록하고 실행되기 전에 생각하고 과정마다 식단이나 작업의 결과를 예측 계획하는 것이다.

17. 급식관리를 효율적으로 운영하기 위한 수요 예측 방법이 아닌 것은?

① 급식 생산 계획 회의　　　② 원재료의 질　　　③ 과거의 기록
④ 급식 식수 파악　　　　　⑤ 생산 수요 예측

　⊙ 급식관리 수요 예측 방법 : 과거의 기록, 급식 식수 파악, 생산 수요 예측 방법(직감에 의한 방법, 공식적 통계자료를 이용한 방법), 급식 생산 계획 회의

18. 단체급식 조리 절차 과정 중 전처리에 해당하는 것은?

① 튀김   ② 데침   ③ 세정   ④ 끓임   ⑤ 조림

   ◎ 전처리 : 계량, 세정, 담그기, 해동, 썰기, 갈기, 섞기, 혼합, 압착(누르기), 냉각 · 냉장, 동결 · 해동, 담기

19. 단체급식 조리 절차 과정 중 조리 과정에 해당하는 것은?

① 계량   ② 담그기   ③ 해동   ④ 조림   ⑤ 썰기

   ◎ 조리 작업 : 끓임, 데침, 찌기, 구이, 튀김, 조림, 볶기, 전유어, 무치기, 냉각

20. 운반 및 배식의 목적에 해당되지 않는 것은?

① 음식의 배식과 품질 유지
② 제공되는 음식이 미생물적으로 안전성 보장
③ 피급식자에게 외관상 만족스러운 음식 제공
④ 에너지 절약
⑤ 노동 시간과 비용 상승

   ◎ 운반 및 배식의 주요 목적 : ① 음식의 적온과 품질을 유지 ② 제공되는 음식이 미생물적으로 안전성을
   보장 ③ 피급식자에게 외관상 만족스러운 음식을 제공 ④ 에너지를 절약 ⑤ 노동시간과 비용을 절감

21. 분산식 배식 방법이란?

① 공동 조리장에서 조리하여 원거리에 있는 급식소로 운반하는 방법
② 음식을 한 곳에서 만들어 여러 곳에 정해진 수량만큼 배분하는 방법
③ 즉석에서 음식을 만들어 피급식자에게 배식하는 방법
④ 1일 전에 만든 음식을 다음날 피급식자에게 배식하는 방법
⑤ 인스턴트 식품과 같이 조리 시간이 짧은 음식을 배식하는 방법

   ◎ 분산식 배식 방법 : 많은 양의 음식을 한 곳에서 만들어 여러 곳에 정해진 수량만큼 배분하고 이곳에서
   피급식자에게 배식하는 방법이다.

22. 음식의 질이 가장 우수한 상태는?

① 조리 후 일정 시간이 지났을 때   ② 조리 전 원재료 때   ③ 조리 직후
④ 조리 직전   ⑤ 음식의 질은 조리 조건과 무관하다.

   ◎ 대부분 음식은 조리 직후가 가장 질이 좋다.

답 18.③ 19.④ 20.⑤ 21.② 22.③

23. 배식을 여러 곳에 하기 위한 필요한 기기가 아닌 것은?

　① 음식을 소독하기 위한 기기　　② 음식 담기에 필요한 기기
　③ 보온 · 보냉에 필요한 기기　　④ 운반과 배달을 위한 기기
　⑤ 배식에 필요한 기기

24. 검식에 대한 설명 중 잘못된 것은?

　① 단체급식소의 급식 실시에 의무 사항이다.
　② 완성된 음식을 자체 평가하는 방법이다.
　③ 식사에 대한 불만이나 문제 발생을 줄일 수 있다.
　④ 급식의 개선 자료가 된다.
　⑤ 검식을 배식 후 실시하는 것이 이상적이다.

　◑ 검식 : 단체급식소의 급식 실시에 따른 의무 사항으로 완성된 조리가 계획된 식사의 내용으로 적정한지 평가하기 위하여 배식하기 전에 영양 분량, 관능, 기호, 위생적인 면 등을 종합적으로 평가하여 기록 보관하는 급식관리의 절차이다.

25. 검식일지 기록 시 검식 항목에 해당되지 않는 것은?

　① 맛　　　　　② 영양 성분　　　③ 색상　　　　④ 외관　　　⑤ 위생적인 조리 상태

　◑ 검식 항목 : 맛, 외관, 색상, 위생적인 조리 상태

26. 검식 시 주의 사항이 잘못된 것은?

　① 보존식 – 조리 후 72시간 동안 전용 냉장고에 보존한다.
　② 우유 – 냄새, 맛의 이상 유무와 유통 기한을 확인한다.
　③ 맛을 보는 것은 배고프지 않을 때 한다.
　④ 맛보기는 여러 번에 걸쳐 실시한다.
　⑤ 혀 전체로 맛을 본다.

　◑ 검식 시 주의 사항 : 혀 전체로 맛을 본다. 맛보기는 한 번만 한다.

🔲 답　23.① 24.⑤ 25.② 26.④

27. 식품 저장 온도와 저장 가능 기간이 옳은 것은?

① 우유, 8℃~9℃, 2일~3일
② 쇠고기, 5℃~6℃, 2주~3주
③ 돼지고기, 0℃~1℃, 3일~7일
④ 닭고기, 0℃~1℃, 1개월~2개월
⑤ 달걀, -1℃~0℃, 10개월~12개월

28. 기호도 조사 방법에 해당되지 않는 것은?

① 9점 기호도 척도법　　② 7점 기호도 척도법　　③ 5점 기호도 척도법
④ 관능 검사지 조사법　　⑤ 기호도 조사 설문지법

　◯ 기호도 조사 방법 : 9점 기호도 척도법, 7점 기호도 척도법, 관능 검사지 조사법, 기호도 조사 설문지법 등

29. 식단의 평가를 위해서 하지 않아도 되는 조사는?

① 식사자의 섭취 정도 조사　　② 기호도 조사　　　　③ 수응도 조사
④ 배식량 조사　　　　　　　　⑤ 열량 조사

　◯ 식단에 대한 고객의 반응 조사에 의한 평가
　　① 기호도 조사 : 설문조사, 그날 배식 시 조사
　　② 섭취 빈도 수 조사
　　③ 잔반량 조사 : 실측법, 관찰법, 설문조사법

30. 소비자의 만족도를 조사하기 위하여 이용되는 방법은?

① IPA법　　　　② UPA법　　　　③ EGA법　　　　④ CPI법　　　　⑤ IGP법

　◯ 소비자의 만족도를 조사하기 위하여 이용되는 방법은 IPA(Important Performance Analysis)이다.

31. 구매 관리의 목적이라고 볼 수 없는 것은?

① 예산을 유효하게 사용　　　　② 보다 질 좋은 재료의 확보
③ 식재료의 효율적 관리　　　　④ 식품 판매의 원활성 확보
⑤ 필요한 시기에 적정 가격으로 구매

　◯ 구매 관리의 목적 : 예산을 유효하게 사용하기 위해 더 좋은 재료를 확보하고 식재료 관리를 효과적으로 하기 위한 것이 식재료 관리의 목적이라고 할 수 있다.

32. 올바른 식품 구매를 달성할 수 있는 방안이 아닌 것은?

① 식품에 대한 전문적 지식　　　② 식품 구입 방법에 대한 지식
③ 공급업자의 선정에 대한 지식　④ 식품 감별법에 대한 지식
⑤ 식품 판매 방법에 대한 지식

　◐ 식품 판매 방법에 대한 지식은 올바른 식품 구매를 달성할 수 있는 방안이 아니다.

33. 식재료 관리 업무의 흐름이 가장 이상적인 것은?

① 예정 식단 → 구입 계획 →　 발주　 → 납품 → 검수 → 보관 → 조리
② 예정 식단 →　 발주　 → 구입 계획 → 납품 → 검수 → 보관 → 조리
③ 예정 식단 →　 납품　 → 구입 계획 → 검수 → 보관 → 조리 → 발주
④ 구입 계획 → 예정 식단 →　 발주　 → 납품 → 검수 → 보관 → 조리
⑤ 구입 계획 →　 발주　 →　 납품　 → 검수 → 보관 → 조리 → 예정 식단

　◐ 식재료 관리 업무의 흐름 : 예정 식단 → 구입 계획 → 발주 → 납품 · 검수 → 보관 → 조리

34. 단체급식에서 사용되는 식재료가 갖추어야 할 조건에 해당되지 않는 것은?

① 신선하고 양질이어야 할 것　　② 위생적이며 안전할 것
③ 적정 가격일 것　　　　　　　④ 취급이 다량의 조건에 맞을 것
⑤ 장기간 실온 보관에서 변질되지 않을 것

　◐ 단체급식에 사용되는 식재료의 조건 : ① 식단에 의한 종류와 형태일 것 ② 신선하고 양질이어야 할 것
③ 위생적이며 안전할 것 ④ 적정 가격일 것 ⑤ 적정한 양이 적시에 공급되어야 할 것 ⑥ 취급과 조관 방법
이 다량 조리의 조건에 맞을 것

35. 구입하여 곧바로 조리하여 소비해야 하는 식재료는?

① 건조식품　　　② 생선　　　　　③ 병조림　　　④ 조미료　　　⑤ 쌀

36. 냉동식품의 일반적인 보관 기간은?

① 3개월~2년　　② 1주~1년간　　③ 6개월　　　④ 8개월　　　⑤ 1~10일

　◐ 냉동(3개월~2년간), 실온(1주간~1년간), 냉장(1~3일)

답　32.⑤　33.①　34.⑤　35.②　36.①

37. 식품은 냉동으로 보관하고자 할 때 유지되어야 할 온도는?

① 0℃ 이하   ② −5℃ 이하   ③ −10℃ 이하   ④ −18℃ 이하   ⑤ −25℃ 이하

    ◑ 냉동(−18℃ 이하), 냉장(10℃ 유지)

38. 식품 구입의 기준 자료로 활용할 수 있는 것만으로 된 항은?

① 물가 파악, 출하기 파악, 유통 기구 파악
② 물가 파악, 영양가 파악, 신선 파악
③ 출하기 파악, 생산지 파악, 인력 구조 파악
④ 인력 구조 파악, 영양가 파악, 선도 파악
⑤ 유통기구 파악, 생산지 파악, 인력 구조 파악

    ◑ 식품 구입 기준 자료 : 물가 파악, 출하기 파악, 유통 기구 파악

39. 식품의 공급원을 선정할 때 고려할 사항이 아닌 것은?

① 서비스가 좋은 곳   ② 공급자 지식이 많을 것
③ 보관 시설이 좋은 곳   ④ 위생 시설이 좋은 곳
⑤ 교통 사정이 좋은 곳

    ◑ 식품 공급원 선정 시 고려 사항 : ① 업자의 규모, 시설, 경영 내용, 신용, 판매 실적 등이 좋은 곳 ② 입지조건, 교통 사정, 운반 능력 등이 좋은 곳 ③ 위생 시설, 보관 시설이 좋은 곳 ④ 서비스가 좋은 곳

40. 식품의 검수 내용에 포함되지 않아도 되는 것은?

① 유통 경로   ② 수량   ③ 품질   ④ 신선도   ⑤ 중량

    ◑ 검수 내용 : 발주 전표와 납품 전표를 현품과 대조하는데 수량, 품질, 중량, 가격 규격, 위생 상태 등을 관리 책임자가 엄정한 태도로 행한다.

41. 구매 계약 시 일반 경쟁 입찰의 장점에 해당하는 것은?

① 긴급 시 조달 시기를 놓칠 수 있다.   ② 자본이 부족한 업자가 응찰하기 쉽다.
③ 공평하고 경제적이다.   ④ 경험이 부족한 업자가 응찰하기 쉽다.
⑤ 절차가 복잡하다.

    ◑ 일반 경쟁 입찰 장점 : 공평하고 경제적이다. 정실 의혹을 방지할 수 있다.

답   37.④   38.①   39.②   40.①   41.③

42. 식품구매 계약 시 수의계약을 하는 경우에 해당되지 않는 것은?

① 특허품인 경우　　　　　　　　② 독점품인 경우

③ 기밀 유지가 필요 없는 경우　　④ 특수한 기술이 필요한 경우

⑤ 납기가 급한 경우

　◐ 수의계약 방법은 특정한 업무와의 계약이 가장 유리하다고 판단될 때 이용하는 방법으로 특허품이나 독점품이 정해져 있는 경우, 특수한 기술이 필요한 경우, 납기가 급한 경우, 기밀 유지가 필요한 제품인 경우에 많이 이용된다.

43. 식품의 감별 방법 중 사람의 감각적 판단에 의하여 검사하는 방법은?

① 물리적 검사　　　　② 화학적 검사　　　　③ 미생물학적 검사

④ 관능검사　　　　　　⑤ 이화학적 검사

　◐ 관능검사 : 사람의 오감인 시각, 미각, 촉각, 후각, 청각에 의하여 감별하는 방법

44. 식품의 감별법 중 화학적 검사에 해당하지 않는 것은?

① 성분 검사　　　　　② 농약 검사　　　　　③ 응고점 검사

④ 효소활성 검사　　　⑤ 첨가물 검사

　◐ 화학적 방법 : 성분, 유사성 첨가물, 항생물질, 농약 등을 분석하거나 pH, 효소활성 등을 정한다.

45. 저온장애를 받는 식품이 아닌 것은?

① 바나나　　　② 파인애플　　　③ 토마토　　　④ 딸기　　　⑤ 고구마

46. 저장 관리의 원칙에 해당되지 않는 것은?

① 우선순위의 원칙　　　　　　② 저장 위치 표시의 원칙

③ 품질 보존의 원칙　　　　　　④ 분류 저장의 원칙

⑤ 공간 활용의 원칙

　◐ 저장관리의 원칙 : 저장 위치 표시의 원칙, 품질 보존의 원칙, 분류 저장의 원칙, 공간 활용의 원칙, 선입선출의 원칙

답　42.③　43.④　44.③　45.⑤　46.①

47. 식품 저장 창고 저장 시 유의할 점이라 보기 어려운 것은?

① 적절한 온도가 유지되도록 한다.
② 적절한 습도를 유지하도록 해야 한다.
③ 식품의 특성을 고려하여 저장한다.
④ 식품의 성질과 관계없이 모두 냉동 저장한다.
⑤ 해충의 침입을 방지해야 한다.

▶ 저장 시 유의점 : ① 온도, 습도, 화기를 조절한다. ② 쥐, 파리, 바퀴 등의 침입을 막는다. ③ 수납한 순서대로 사용하면 편리하다. ④ 배치 장소는 사용 빈도, 중량, 식품의 특성 등을 고려하여 결정한다. ⑤ 창고의 정기적인 청소, 관계자외 출입금지, 관리를 철저히 한다.

48. 단체급식에서 식중독이 많이 발생하는 이유에 해당되는 것은?

① 대량의 식품을 비위생적으로 조리   ② 불량 첨가물만을 사용
③ 식품 공장은 항상 전염병균이 존재   ④ 피급식자의 위생 의식 결여
⑤ 이상 모두

▶ 단체급식에서 충분한 위생관리가 이루어지지 못하고 있기 때문에 식중독이 많이 발생하고 있다.

49. 다음 중 조리에 종사할 수 없는 사람은?

① 장티푸스에 감염된 사람   ② 당뇨병 환자
③ 고혈압 환자   ④ 신장에 장애가 있는 사람
⑤ 면역 기능이 저하된 사람

▶ 제1종 전염병 중 소화기계 전염병(장티푸스, 콜레라, 파라티푸스, 세균성이질)에 걸린 자

50. 음식물의 온도를 측정할 경우 어느 부분을 측정하는 것이 이상적인가?

① 음식물 중간의 제일 두꺼운 부분   ② 음식물의 외측
③ 음식물의 최하부   ④ 음식물의 최상부
⑤ 아무 곳이나 상관없다.

▶ 음식물의 온도를 측정할 경우에는 음식물 중간의 제일 두꺼운 부분을 측정할 것

답 47.④ 48.① 49.① 50.①

51. 신선한 쇠고기의 색깔은?

① 보라색   ② 검은색   ③ 선홍색   ④ 검고 붉은색   ⑤ 도적색

  ◐ 쇠고기의 경우 밝은 빨간색을 띠어야 하며, 어두운 빨간색은 오래 저장된 경우, 엷은 보라색은 오랜 시간 동안 공기 순환이 없는 곳에 방치하였거나 상하고 있는 상태

52. 위생 상태를 점검하는 방법에 해당되지 않는 것은?

① 손의 소독이 완전한가?   ② 쥐 · 곤충류는 없는가?
③ 도마의 세정살균은 확실한가?   ④ 잔채의 처리는 적절한가?
⑤ 영양소의 파괴는 일어나지 않았는가?

  ◐ 영양소의 파괴 상태는 위생 상태 점검과는 다른 문제이다.

53. 단체급식에서 안전관리의 목적은?

① 사고와 재해 방지   ② 식품의 안전성 유지
③ 식품에 대한 신뢰감 구축   ④ 영업의 전략적 정보 획득
⑤ 피급식자에 대한 서비스

  ◐ 단체급식에서 안전관리의 목적은 급식 시설 내에서의 사고와 재해를 방지하고 작업원이 안전하게 작업할 수 있도록 운영하는데 있다.

54. 안전 확보를 위한 점검 내용이 아닌 것은?

① 건물의 상황은 안전한가?   ② 소화시설은 갖추었는가?
③ 영업자의 지식은 높은가?   ④ 배수설비는 완전한가?
⑤ 매연설비는 완전한가?

  ◐ 영업자의 지식은 높은가? 는 안전 확보를 위한 점검 내용에 해당되지 않는다.

55. 식품 산업체에 종사하는 작업자에 대한 안전 점검 내용이 아닌 것은?

① 표준 작업을 지키고 있는가?   ② 작업 능률은 좋은가?
③ 책임 의식은 강한가?   ④ 건강 상태는 좋은가?
⑤ 작업자의 나이는 얼마인가?

  ◐ 작업자의 나이는 안전 점검에 내용에 해당하지 않는다.

답 51.③ 52.⑤ 53.① 54.③ 55.⑤

56. 공동 조리장 급식의 장점에 해당하는 것은?

① 식중독이 발생했을 때 피해가 단단위로 발생한다.
② 교통 사정 등으로 짧은 시간 내 배식이 어렵다.
③ 위생에 관한 집중 관리를 할 수 있다.
④ 적온 급식이 곤란하다.
⑤ 대체로 맛이 없다.

   ⊙ 공동 조리장 급식의 장점은 위생에 관한 집중 관리를 할 수 있는 점이다.

57. 치료식에 대한 설명 중 잘못된 것은?

① 식기의 모양, 재질 등이 한정된다.   ② 일정한 시간과 장소에서 식사
③ 침실 및 병실에서 먹는다.   ④ 대량 일률적인 방식이다.
⑤ 식단을 선택할 수 있다.

   ⊙ 치료식에서는 식단을 선택할 수 있는 권한이 없다.

58. 외식산업의 성장 요인에 해당되지 않는 것은?

① 국민 소득의 증가   ② 전통 음식의 보존   ③ 식생활 패턴의 변화
④ 가치관의 변화   ⑤ 외식 기회의 증대

   ⊙ 외식산업은 국민 소득이 향상되면서 사람들에게 가정 밖에서 음식을 사서 먹는 외식 활동이 일상생활의 한 부분으로 보편화하기 시작하면서 예전보다 외식에 대한 정의와 범위의 합리적인 설정이 필요하게 되었다.

59. 외식산업에 대한 다음 설명 중 잘못된 것은?

① 생산과 판매가 일시에 이루어지는 서비스 산업이다.
② 제조, 유통, 서비스 산업의 성격을 띤 복합 산업이다.
③ 업소의 위치를 최우선으로 하는 입지 산업이다.
④ 표준화, 단순화, 전문화 시스템을 전제로 하는 산업이다.
⑤ 품질, 서비스, 청결은 강조되지 않은 산업이다.

   ⊙ 외신산업에 품질, 서비스, 청결은 강조되는 산업의 한 부분이다.

60. 비상업적 외식산업에 속하지 않는 것은?

① 학교급식
② 병원급식
③ 대중 음식업
④ 교도소급식
⑤ 양로원급식

○ 비상업적 외식산업은 주로 단체급식 형태로 식사를 제공하는데 학교, 병원, 군대, 경찰, 교도소, 양로원 등이 속한다.

61. 무기물이란?

① 탄소를 함유하지 않는 물질을 말한다.
② 질소를 함유하는 물질을 말한다.
③ OH기를 가진 물질을 말한다.
④ SH기를 가진 물질을 말한다.
⑤ COOH기를 가진 물질을 말한다.

○ 무기물이란 탄소를 함유하지 않은 물질을 말한다.

62. 단체급식 조리를 위한 선행 조건에 해당되지 않는 것은?

① 구매
② 시식
③ 검수
④ 보관
⑤ 전처리

○ 단체급식 조리를 위한 선행 조건 : 식품의 구매, 검수, 보관 전처리 과정, 싱크대, 조리대, 도마, 칼 등의 철저한 세정 및 살균·소독을 해야 하며, 조리원의 올바른 식품 취급 습관, 작업에 소요되는 시간, 작업량, 조리 종사자의 숙련도 및 능력, 근무 의욕, 가공식품의 사용 여부에 따라 영향을 받는다.

63. 무게를 측정할 때 사용되는 기구는?

① 계량컵
② 계량스푼
③ 저울
④ 온도계
⑤ pH메타

64. 운반 및 배식 관리에 영향을 미치는 요소가 아닌 것은?

① 급식의 종류
② 급식시설의 규모
③ 조리원의 능력
④ 노동비
⑤ 전처리

○ 운반 및 배식관리에 영향을 미치는 요인은 급식의 종류, 급식시설의 규모, 조리원의 능력, 노동비, 기기와 연관된 경제적인 요인, 음식의 일관된 품질과 미생물적 안전성, 식사 제공을 위해 필요한 시간 계획, 필요한 면적과 그 면적의 유용성을 모두 포함하는 급식제도의 유형에 적합한 운반과 배식관리를 하게 된다.

답 60.③ 61.① 62.② 63.③ 64.⑤

65. 다음 중 식중독을 일으킬 요소에 해당하지 않는 것은?

① 안전하지 못한 곳에서 식자재를 구입한 경우
② 오염된 식재료를 사용하여 충분히 익히지 않은 경우
③ 조리된 식품이 저온 상태에 보관된 경우
④ 식품을 세균이 증식 가능한 온도에 4시간 이상 방치한 경우
⑤ 감염된 조리원이 식품을 취급한 경우

○ 조리된 식품의 저온 상태에 보관된 경우는 안전한 경우에 해당된다.

66. 소화기계전염병 예방책에 해당하지 않는 것은?

① 조리 종사원의 정기적인 검변을 실시한다.　② 손 씻기를 철저히 생활화한다.
③ 예방접종자는 식품 취급을 않도록 한다.　④ 생식품의 급식을 피한다.
⑤ 기구의 위생적 취급에 유의한다.

○ 예방 대책으로는 감염원을 없애고 감염 경로를 차단한다.
① 조리 종사원의 정기적인 검변을 실시한다. ② 방충과 소독을 철저히 한다. ③ 식품, 기구의 위생적 취급에 유의한다. ④ 손 씻기를 철저히 생활화한다. ⑤ 충분한 수면과 휴식으로 피로를 방지한다. ⑥ 생수, 생식품의 급식을 피한다. ⑦ 수질검사를 실시한다. ⑧ 의심스러울 때는 의사의 진단을 받는다.

67. 장표의 세 가지 기능에 해당되는 것은?

① 정보의 전달, 정보의 처리, 정보의 보관　② 정보의 분류, 정보의 관리, 정보의 개발
③ 정보의 기록, 정보의 보관, 정보의 분류　④ 정보의 확인, 정보의 유출, 정보의 전달
⑤ 정보의 처리, 정보의 분류, 정보의 판독

○ 장표의 기능에는 정보의 전달, 정보의 처리 및 정보의 보전이라는 세 가지 기능으로 나뉜다.

68. 원가 계산의 원칙에 해당하지 않는 것은?

① 진실성의 원칙　　② 발생 기준의 원칙　　③ 확실성의 원칙
④ 정상성의 원칙　　⑤ 생산성의 원칙

○ 원가 계산의 원칙은 진실성의 원칙, 발생 기준의 원칙, 계산 경제성의 원칙, 확실성의 원칙, 정상성의 원칙, 비교성의 원칙, 상호 관리의 원칙으로 나뉜다.

답 65.③ 66.③ 67.① 68.⑤

69. 외식산업의 범주에 해당하지 않는 것은?

① 식품제조업   ② 식품소매업   ③ 폐기물 처리업

④ 대중음식점   ⑤ 식품가공업

  ◐ 폐기물 처리업은 외식산업의 범주에 해당하지 않는다.

70. 외식산업에서 3S란?

① 표준화, 단순화, 전문화   ② 표준화, 제도화, 전문화

③ 제도화, 단순화, 기업화   ④ 전문화, 단순화, 기업화

⑤ 특별화, 표준화, 기업화

  ◐ 외식산업의 3S는 표준화, 단순화, 전문화를 말한다.

71. 병동 배선 방식의 장점으로 옳지 않은 것은?

① 인건비가 적게 든다.   ② 관리와 감독이 쉽다.

③ 식기 소독과 보관이 잘된다.   ④ 적온 급식이 잘된다.

⑤ 식품의 낭비가 적다.

  ◐ 적온 급식이 잘되는 것은 병동 배석 방식의 장점으로 해당되지 않는다.

72. 단체급식에서 배식은 몇 시간 내에 이루어지는 것이 좋은가?

① 2시간 이내에 배식을 끝낸다.   ② 3시간 이내에 배식을 끝낸다.

③ 4시간 이내에 배식을 끝낸다.   ④ 5시간 이내에 배식을 끝낸다.

⑤ 6시간 이내에 배식을 끝낸다.

  ◐ 단체급식에서 배식은 2시간 이내에 끝내야 한다.

73. 워크 샘플링(work sampling)이란 무엇인가?

① 육안으로 자세히 작업 방법을 측정하는 기법이다.

② 무작위로 추출한 관측 시간에 작업 방법을 측정한 후 전체적인 작업 분석을 하는 기법이다.

③ 작업 분석의 한 방법으로 시간 연구와 같다.

④ 실제적으로 일어난 작업 방법을 연구하는 기법이다.

⑤ 동작 경제 원칙의 한 기법이다.

  ◐ 워크 샘플링이란 무작위로 추출한 관측 시간에 작업 방법을 측정한 후 전체적인 작업 분석을 하는 기법이다.

답   69.③   70.①   71.④   72.①   73.②

74. 단체급식 중 1인당 급수량이 가장 많이 필요한 급식소는?

① 학교급식　　　　② 병원급식　　　　③ 사업체급식
④ 군대급식　　　　⑤ 사회복지시설급식

◉ 병원급식이 1인당 급수량이 가장 많이 필요하다.

75. 우리나라 학교급식의 변천에서 볼때 구호급식에서 자립급식으로 넘어가는 해는?

① 1969년　　② 1970년　　③ 1971년　　④ 1973년　　⑤ 1975년

◉ 학교급식은 1973년 자립급식으로 거듭났다.

76. 단체급식에서 세균성 식중독 방지상 가장 주의하여야 할 점은?

① 주위 환경을 깨끗이 한다.
② 식품 중의 수분을 감소시킨다.
③ 조리에서 배식까지의 시간을 2시간 이내로 한다.
④ 식기를 청결히 보관한다.
⑤ 위생복을 착용한다.

◉ 세균성 식중독 방지상 가장 주의할 점은 조리에서 배식까지의 시간을 2시간 이내로 한다.

77. 단체급식에서 위생관리를 철저히 하는 이유는?

① 조리사의 건강을 위하여　　　② 피급식자의 상쾌한 기분을 위하여
③ 식중독 발생을 방지하기 위하여　　④ 깨끗한 주변 환경을 위하여
⑤ 올바른 식습관을 위하여

◉ 단체급식에서 위생관리를 철저히 하는 이유는 식중독의 발생을 방지하기 위해서이다.

78. 보존식의 보존 기간은?

① 24시간 이상　　　　② 36시간 이상　　　　③ 48시간 이상
④ 60시간 이상　　　　⑤ 144시간 이상

◉ 1인분량을 144시간 이상 냉동보관하여 식중독 사고 발생의 원인을 확인하기 위하여 보존하는 것을 보존식이라고 한다.

79. 식단 작성할 때에 가장 먼저 결정하여야 할 사항은?

① 단백질의 양　　　　② 비타민의 양　　　　③ 무기질의 양
④ 주식의 양　　　　　⑤ 영양가의 산출

　◐ 식단 작성할 때 주식의 양을 가장 먼저 결정해야 한다.

80. 순환 메뉴 사용의 장점이 아닌 것은?

① 영양사와 조리사의 작업 분담이 쉽다.
② 주기가 짧을수록 식단이 다양해진다.
③ 음식의 질을 일정한 수준으로 유지하기가 쉽다.
④ 식단 작성하는데 소요되는 시간을 줄일 수가 있다.
⑤ 재고 통제가 쉬워진다.

　◐ 주기가 짧을수록 메뉴는 한정적이게 된다.

81. 주방의 후드가 하는 역할로 가장 적당한 표현은?

① 통풍을 시킨다.
② 실내 먼지를 제거한다.
③ 증기, 냄새, 연기를 뽑아낸다.
④ 따뜻한 공기를 제공한다.
⑤ 화기를 뽑아낸다.

　◐ 후드는 증기와 냄새, 연기를 뽑아낸다.

82. 한 사람의 부하는 한 사람의 장으로부터 명령을 받아야 한다는 원칙은?

① 명령 일원화의 원칙　　② 전문화의 원칙　　③ 감독 한계 적정화의 원칙
④ 기능화의 원칙　　　　⑤ 권한 위양의 원칙

　◐ 명령 일원화의 원칙 : 각 구성원은 라인에 따라 항상 한 사람의 장으로부터 명령을 받아야 한다는 원칙
이다.

83. 단체급식 예산에서 가장 큰 비중을 차지하는 항목은?

① 인건비　　　② 운영비　　　③ 수도비　　　④ 경비　　　⑤ 식품 재료비

　◐ 단체급식 예산에서 가장 큰 비중은 식품 재료비가 차지한다.

답 79.④　80.②　81.③　82.①　83.⑤

84. 경영관리 순환의 순서가 올바른 것은?

① 계획→조정→통제→지휘→조직   ② 조직→계획→조정→지휘→통제

③ 계획→조직→지휘→조정→통제   ④ 계획→통제→지휘→조정→조직

⑤ 계획→조직→조정→지휘→통제

  ◐ 경영관리의 직능은 계획 직능→조직화→지휘→조정→통제순으로 진행된다.

85. 중앙 급식 체제의 장점은?

① 대량 구매로 인한 식재료의 절감 효과가 있다.

② 한 곳에서 모든 작업이 이루어지므로 적온 배식이 어렵다.

③ 숙련된 조리원이 요구되므로 인건비가 상승된다.

④ 작업 분업이 어렵다.

⑤ 생산성이 낮고 노동 비율이 높다.

  ◐ 대량 구매로 인한 식재료의 절감 효과가 중앙 급식 체제의 장점이다.

86. 배수의 형식 중 곡선형에 속하지 않는 것은?

① S트랩   ② 드럼트랩   ③ P트랩   ④ W트랩   ⑤ U트랩

  ◐ 트랩의 형태는 배수구와 배수관이 벽, 바닥에 연결되는 상태에 따라 곡선형인 S트랩, P트랩, U트랩 중 선택하여 설치한다.

87. 감염병 예방을 위해 조리실 계획 시 가장 중요한 것은?

① 조리실의 입구를 별도로 한다.

② 실내 공기를 깨끗이 하는 시설을 갖춘다.

③ 조리 관계자 전용 화장실을 설계한다.

④ 반입 반출이 쉽도록 설계한다.

⑤ 실내 조명을 밝게 설계한다.

  ◐ 감염병 예방을 위해 조리실 계획 시 가장 중요한 것은 '조리 관계자 전용 화장실을 설계한다' 이다.

88. 병원급식에서 환자 식단을 작성할 때 가장 중요한 점은?

① 환자의 병세　　　　② 환자의 기호　　　　③ 여섯 가지 기초 식품의 배합
④ 의사의 처방전　　　⑤ 식재료비

⊙ 병원급식에서 환자 식단을 작성 시 의사의 처방전을 가장 중요한 점으로 봐야 한다.

89. 다음은 구두 명령이 효과적일 때이다. 아닌 것은?

① 긴급을 요할 때　　　　　　　② 수령자가 그 내용을 잘 알고 있을 때
③ 문서 명령을 재강조할 때　　　④ 숫자나 도형이 필요할 때
⑤ 하기 싫은 일을 시킬 때

⊙ 구두 명령이 효과적인 경우는 ① 긴급을 요할 경우 ② 간단한 지시나 조언을 할 경우 ③ 문서 명령을 한 뒤에 재강조의 필요성이 있을 경우 ④ 수령자가 명령의 내용을 잘 알고 있을 경우 ⑤ 수령자가 싫어하는 일을 시킬 경우

90. 어디에서 구입해도 원재료의 품질이 동일하다고 할 경우 다음 방법 중 가장 저렴한 가격으로 구입할 가능성이 있는 것은?

① 지명 경쟁 입찰　　　② 일반 경쟁 입찰　　　③ 수의 계약
④ 복수 견적　　　　　⑤ 단일 견적

⊙ 일반 경쟁 입찰 장점 : 공평하고 경제적이다. 정실 의혹을 방지할 수 있다.

91. 구매관리의 목적을 열거한 것이다. 가장 옳은 것은?

① 적정한 품질 및 양의 원자재를 적정한 시기에 적정한 가격으로 적정한 장소에서 구입하기 위하여
② 싼 가격으로 식재료를 구입하기 위하여
③ 구매를 통하여 공급업자와 관계를 개선하기 위하여
④ 합리적인 구매 기록을 위하여
⑤ 좋은 음식재료를 확보하기 위하여

⊙ 예산을 유효하게 사용하기 위해 더 좋은 재료를 확보하고 음식재료 관리를 효과적으로 하기 위한 것이 음식재료 관리의 목적이라고 할 수 있다.

정답 88.④ 89.④ 90.② 91.①

92. 다음 중 헌법에 보장된 노동자의 3대 권리가 아닌 것은?

① 자주적 단결권　　　② 단체 교섭권　　　③ 단체 행동 자유권
④ 경영 참여권　　　⑤ 자주적 단결권＋단체 교섭권

　◉ 경영 참여권은 노동자의 3대 권리에 포함되지 않는다.

93. 작업 개선의 목표가 아닌 것은?

① 싸게　　　② 바르게　　　③ 천천히　　　④ 안전하게　　　⑤ 정확하게

　◉ 작업 개선의 목표는 신속성(빠르게), 용이성(쉽게), 경제성(싸게), 정확성(바르게), 안전성(안전하게)라고 할 수 있다.

94. 다음 중 전제형 리더십의 성격을 가장 잘 나타낸 것은?

① 참여 의식이 강하다.　　　② 책임감이 강하다.
③ '나' 라는 개인의식이 강하다.　　　④ 단결심이 강하다.
⑤ 자유방임적이다.

　◉ 전제형 리더십은 '나' 라는 개인의식이 강하다.

95. 다음 중 테일러 시스템의 특징이 아닌 것은?

① 차별 성과급 제도　　　② 능률급 제도
③ 기획부 제도　　　④ 작업 지시표 제도
⑤ 기능적 직공장 제도

　◉ 테일러 시스템은 차별 성과급 제도, 기획부 제도, 기능성 직공장 제도, 작업 지시표 제도가 포함된다.

96. 인간관계론이 시도하는 목적은?

① 경영권 강화　　　② 인간의 비합리적 요소의 배제
③ 관리상 민주주의의 구현　　　④ 과학적 관리법의 확대 실현
⑤ 공식적 인간관계 강화

　◉ 인간관계론의 목적은 관리상 민주주의의 구현이다.

97. 전표의 기능은?

① 일정한 장소에 두고 언제든지 볼 수 있는 것
② 경영 의사의 전달
③ 현상의 표시
④ 기록
⑤ 대상의 통제

　◎ 전표의 기능 : 전표의 기능에는 경영 의사의 전달, 대상의 상징화가 있다. 경영 의사의 전달, 대상의 상징화이다.

98. 발췌검수법에 대한 설명으로 옳은 것은?

① 납품된 물품 전체를 각각 하나하나 검사하는 방법
② 물품이 소량일 때 주로사용
③ 고가품인 경우에 주로 사용
④ 시간이 많이 소요되므로 검수의 우선 순위를 정하여 이루어져야함
⑤ 비용적인 측면에서 전수 검수법에 비해 유리함

　◎ 발췌검수법은 대량구매의 경우와 중요도가 낮고 저가품인 경우 주로 사용하여 시간적, 비용적 측면에서 유리하다.

99. 맥그리거의 X이론과 Y이론 중 Y이론 설명으로 옳은 것은?

① 인간은 천성적으로 게으르고 일하기 싫어한다.
② 인간은 조직에 수동적이다.
③ 인간은 조직에 보조적인 역할을 한다.
④ 인간은 근본적으로 발전과 책임을 지는 노력을 한다.
⑤ 인간은 조직의 문제를 해결할 수 있는 창의성을 가지고 있지 않다.

　◎ '인간은 근본적으로 발전과 책임을 지는 노력을 한다.' 라는 것이 맥그리거의 Y이론에 해당된다.

100. 사기 저하 시에 나타나는 증상이 아닌 것은?

① 사고율 증가　　　　② 결근율 증가　　　　③ 태업(怠業)
④ 생산성 저하　　　　⑤ 소득 저하

　◎ 사기 저하 시 나타나는 증상으로는 사고율 증가, 결근율 증가, 태업, 생산성 저하 등을 들 수 있다.

답 97.② 98.⑤ 99.④ 100.⑤

101. 급식 체계에 대한 설명이 옳은 것은?

⑦ 전통적 급식 체계-음식의 생산, 분배, 서비스가 같은 장소에서 연속적으로 이루어진다.

⑭ 중앙공급식 급식 체계-음식을 미리 생산하여 연속적으로 저장하였다가 재가열되어 제공된다.

⑭ 편이식 급식 체계-식재료는 전처리가 거의 필요하지 않은 가공 및 편의 식품을 대량 구입한다.

⑭ 조리저장식 급식 체계-공동장에서 음식을 다량으로 생산한 후 급식소를 운송하여 서비스한다.

① ⑦⑭⑭   ② ⑦⑭   ③ ⑭⑭   ④ ⑭   ⑤ ⑦⑭⑭⑭

○ 중앙공급식급식체계는 공동조리장을 두어 대량으로 음식을 생산한 후 인근의 급식소로 운송하여 음식의 배선과 배식이 이루어지는 방식이고 조리저장식 급식체계는 음식을 미리 생산하여 연속적으로 저장하였다가 재가열되어 제공되는 방식이다.

102. 산업체급식의 목적이 아닌 것은?

① 기업의 생산성 향상   ② 노무관리의 능률과 편리성 제고
③ 노동자의 건강 유지 및 증진   ④ 영양 부족의 보충
⑤ 대량 구입과 조리에 따른 경제성

○ 산업체급식은 노동 정도 및 작업환경에 적절한 영양이 함유된 급식으로 근로자 개인의 영양관리와 건강 유지, 급식을 통한 생산성 향상, 기업의 이윤 증대 등을 통해 국가경제 발전에 기여하며 동일 장소에서 동일한 식사를 하므로 원만한 인간관계를 유지하고 명랑한 직장 분위기를 형성하며 근로자에 대한 영양교육과 상담으로 질병 예방에 기여한다.

103. 단체급식 운영 시 직영으로 할 때의 장점이다. 옳은 것으로 조합된 것은?

⑦ 합리적인 위생관리   ⑭ 우수한 서비스
⑭ 영양교육 및 영양개선   ⑭ 인건비 감소

① ⑦⑭⑭   ② ⑦⑭   ③ ⑭⑭   ④ ⑭   ⑤ ⑦⑭⑭⑭

○ 직영 방식 운영 시 장점은 영양관리, 위생관리가 철저하며, 이윤을 남기지 않으므로 재료비를 전부 사용할 수 있고, 단점은 인건비의 증가와 서비스의 결여이다.

104. 공동조리장 급식제도에 대한 설명 중 옳은 것은?

> ㉮ 수주 ~ 수개월 후에 제공할 음식을 미리 조리한 후 저장한다.
> ㉯ 숙련된 조리 인력이 항상 필요하다.
> ㉰ 조리를 최소화함으로써 조리 인력이 거의 필요없다.
> ㉱ 음식의 대량 구입과 조리로 식재료비, 인건비 절감 효과를 기대할 수 있다.

① ㉮㉯㉰   ② ㉮㉰   ③ ㉯㉱   ④ ㉱   ⑤ ㉮㉯㉰㉱

◎ 지역적으로 인접한 몇 개의 급식소를 묶어서 공동조리장을 두어 그곳에서 대량으로 음식을 생산한 후 인근의 급식소로 운송하여 이곳에서 음식의 배선과 배식이 이루어지는 방식이다. 시설의 반복 투자를 줄일 수 있으며 동일 지역 내에서는 같은 질의 음식을 공급할 수 있다는 장점이 있다.

105. 단체급식에서 채소를 분산 조리할 경우 가장 좋은 것은?

① 채소의 관능적, 영양적 품질을 높이기 위해 조리하는 방법이다.
② 신속하게 채소요리를 만들 수 있는 방법이다.
③ 채소의 배식시간을 늘리기 위한 조리 방법이다.
④ 음식의 색이나 질감이 다르므로 조리한 음식을 섞어 제공한다.
⑤ 채소를 나누어 조리하는 방법이다.

◎ 채소 음식과 같이 조리 후 시간이 경과함에 따라 품질이 현저하게 떨어지는 음식은 분산 조리가 필수적이다.

106. 식사 구성안을 이용하여 식단 작성을 할 때 이점은?

> ㉮ 식품 배합이 용이하다.
> ㉯ 가격에 대한 정보를 파악하기 용이하다.
> ㉰ 균형잡힌 영양적인 식단 작성이 용이하다.
> ㉱ 영양가 산출이 어렵다

① ㉮㉯㉰   ② ㉮㉰   ③ ㉯㉱   ④ ㉱   ⑤ ㉮㉯㉰㉱

◎ 식사 구성안은 건강한 개인을 위하여 만들어진 것이나 단체급식소에서도 식사 구성안의 개념을 사용하면 급식 대상에 따라 1일 또는 한 끼에 제공해야 할 식품군별 종류 및 식품별 제공해야 할 식품량을 알 수 있으므로 식단을 작성할 때 유용하게 활용할 수 있다.

107. 카페테리아 방식의 선택식 식사 제공 시 장점으로 옳은 것은?

> ㉮ 급식 고객의 기호를 존중할 수 있다.
>
> ㉯ 식비를 줄일 수 있다.
>
> ㉰ 음식 선택이 자유롭다.
>
> ㉱ 설비 투자비용을 줄일 수 있다.

① ㉮㉯㉰   ② ㉮㉰   ③ ㉯㉱   ④ ㉱   ⑤ ㉮㉯㉰㉱

○ 카페테리아는 자신의 기호를 고려하여 음식을 자유롭게 선택하는 방식으로 장점은 기호, 양, 경제에 맞춰 선택할 수 있고, 관리자 측면에서는 요리에 필요한 시간과 노력이 증대되고, 인기있는 메뉴는 빨리 없어지고, 그렇지 않은 메뉴는 남는 결점이 있다. 각 개인의 취향을 파악하기 어려워 영양관리상 곤란한 점이 있다.

108. 식단의 작성 순서로 맞는 것은?

① 급여 영양량의 결정 ➡ 주식량, 부식량의 결정 ➡ 급식 횟수와 영양 배분 ➡ 미량영양소의 보급 방법 ➡ 조리의 배합

② 급여 영양량의 결정 ➡ 급식 횟수와 영양 배분 ➡ 주식량, 부식량의 결정 ➡ 미량영양소의 보급 방법 ➡ 조리의 배합

③ 급식 횟수와 영양 배분 ➡ 주식량, 부식량의 결정 ➡ 미량영양소의 보급 방법 ➡ 급여 영양량의 결정 ➡ 조리의 배합

④ 주식량, 부식량의 결정 ➡ 급여 영양량의 결정 ➡ 미량영양소의 보급방법 ➡ 급식 횟수와 영양 배분 ➡ 조리의 배합

⑤ 급여 영양량의 결정 ➡ 미량영양소의 보급 방법 ? 급식 횟수와 영양 배분 ➡ 주식량, 부식량의 결정 ➡ 조리의 배합

○ 식단작성의 순서는 급식횟수와 영양량 배분 ➡ 메뉴품목수 결정 ➡ 메뉴구성 ➡ 영양제공량 확인 ➡ 메뉴표작성

109. 관능적 질감이 고려되지 않은 음식 배합은?

① 감자볶음과 총각김치　　　② 햄버거와 피클
③ 스테이크와 샐러드　　　④ 두부조림과 도토리묵무침
⑤ 프렌치빵과 요구르트

110. 식단을 평가할 때 바람직한 평가 기준으로 옳지 않은 것은?

① 성별, 연령, 노동 강도, 기호도
② 성별, 연령, 계절식품, 기호도
③ 연령, 성별, 노동 강도, 건강 상태
④ 성별, 노동 강도, 기호도, 평균영양량
⑤ 연령 노동 강도, 기호도, 평균영양량

111. 식단 작성 시의 일반적인 고려사항으로 옳지 않은 것은?

① 색의 변화, 맛의 조화를 고려한다.
② 기호보다는 경제성 위주의 식단이 되도록 한다.
③ 대상자에게 적절한 1인 분량을 설정하도록 한다.
④ 영양권장량에 근거한 균형잡힌 식단을 작성한다.
⑤ 계절식품을 많이 활용한다.

112. 표준 레시피로 조리한 음식의 평가 점수가 매우 낮았다. 해결 방안으로 옳은 것은?

① 조리 기술이 좋은 조리사로 바꾼다.
② 배식 시 필요한 기기를 바꾼다.
③ 새로운 표준 레시피를 개발한다.
④ 1인 식재료 분량을 변경한다.
⑤ 급식 환경과 기구를 바꾼다.

113. 대량 조리에서 조리 과정을 표준화하는 이유를 설명한 것으로 옳은 것은?

㉮ 음식의 생산 시간의 통제	㉯ 음식 품질의 표준화
㉰ 1인 배식량의 정량 제공	㉱ 계절식품 이용

① ㉮㉯㉰   ② ㉮㉰   ③ ㉯㉱   ④ ㉱   ⑤ ㉮㉯㉰㉱

❶ 표준 조리 레시피 사용으로 생산될 음식의 일정한 품질과 양을 유지하여 일관성 있는 배식이 가능하며 생산성 증가와 조리원 훈련 등의 장점이 있다. 각 급식소의 특정 상황에 맞는 표준화된 레시피가 개발되어야 하고 기호도가 높고, 가장 자주 이용되는 음식부터 표준화하는 것이 좋다.

답 110.③ 111.② 112.③ 113.①

114. 식품을 온장고에 보관할 때 적절한 온도 범위대는?

① 45~60℃   ② 55~75℃   ③ 65~85℃
④ 70~90℃   ⑤ 75~95℃

❍ 완성된 음식은 5℃ 이하의 냉장고 혹은 60℃ 이상의 온장고에 보관해야 미생물의 증식을 방지할 수 있다.

115. 작업의 방법이나 절차를 일정하게 규격화시키는 것은?

① 단순화   ② 전문화   ③ 표준화   ④ 기계화   ⑤ 호적화

116. 작업 개선을 위한 방법으로 옳지 않은 것은?

① 생산 공정을 분석한다.
② 전처리 공간을 확장한다.
③ 작업 과정의 표준화를 설정한다.
④ 작업자의 작업 수행 능력을 분석한다.
⑤ 시간대별 작업자의 활동 과정을 분석한다.

117. 급식 생산성 증대 방안으로 옳지 않은 것은?

① 작업의 다양화   ② 교육·훈련 실시
③ 자동화 기계 이용   ④ 작업 표준 시간 설정
⑤ 가공·전처리 식품 이용률 증가

❍ 급식생산성 증가는 작업 개선을 통해 효율을 높이는데 그 목적을 둔다. 급식 생산성의 증대 방안으로는 교육훈련의 실시, 작업 단순화, 작업 표준시간의 설정, 자동화기계의 이용, 가공식품, 전처리 식품의 이용률 증가 등이 있다.

118. 단체급식에서 신규 시설을 도입하기 위한 절차로 옳은 것은?

① 급식 시설의 목적 규정 ➡ 전문가의 자문 ➡ 예산협의 및 예산 책정 ➡ 설계 의뢰 및 검토 ➡ 평면도면 작성 ➡ 기기 및 설비 시공

② 급식 시설의 목적 규정 ➡ 설계 의뢰 및 검토 ➡ 평면도면 작성 ➡ 예산 협의 및 예산 책정 ➡ 기기 및 설비 시공 ➡ 전문가의 자문

③ 급식 시설의 목적 규정 ➡ 기기 및 설비업체 물색 ➡ 예산 책정 ➡ 전문가 자문 ➡ 평면도 작성 ➡ 기기 및 설비 시공

④ 급식 시설의 목적 규정 ➡ 예산 협의 및 예산 책정 ➡ 설계 의뢰 및 검토 ➡ 전문가 자문 ➡

기기 및 설비 시공 ➡ 평면도면 작성

⑤ 급식 시설의 목적 규정 ➡ 예산 협의 및 예산 책정 ➡ 전문가의 자문 ➡ 설계 의뢰 및 검토 ➡ 기기 및 설비 시공 ➡ 평면도면 작성

119. 조리기기를 선정할 때 가장 먼저 고려해야 할 사항은?

① 조리기구의 능력 ② 내구성 ③ 디자인
④ 조리 방법 ⑤ 유지 관리의 용이성

◉ 조리기기 선정 : 입고, 저장, 전처리, 조리, 배식, 세척 등 각 구역별 필요 기기를 선정하여야 한다.

120. 급식업무 전산화의 필요성으로 옳은 것은?

① 다양화, 복잡화 ② 기계화, 자동화 ③ 단순화, 자동화
④ 기계화, 단순화 ⑤ 고도화, 자동화

121. 채용 계획을 수립할 때 고려해야 할 사항으로 거리가 먼 것은?

① 생산 계획 일정, 고용보험법
② 생산 계획 일정, 최저임금법
③ 생산 계획 일정, 고용관계법규
④ 생산 계획 일정, 주변국의 고용 법규
⑤ 인력 재배치 방법, 인구통계학적 요인

◉ 인적자원 계획을 수립할 때에는 특히 생산 계획 일정 및 예산, 정부의 고용 관계 법규, 인력 재배치 방법 등을 고려해야 한다.

122. 인사고과 시 평가 요소 가운데 어떤 요소가 우수하게 평가되면 다른 요소도 우수하다고 인식하고 평가하게 되는 경우에 해당하는 평가 오류는?

① 논리적 오류 ② 관대화 경향 ③ 중심화 경향
④ 시간적 오류 ⑤ 상동적 태도

◉ 논리오차 : 고과 요소끼리 서로 논리적인 상관성이 있는 경우에 한 가지 요소에 대한 평가 결과가 다른 요소의 평가에 영향을 미치는 오류이다. 예를 들어 기술과 생산량은 일반적으로 상관관계를 가지는데 어떤 종업원이 기술이 좋은 경우에 실제 생산량을 평가해 보지도 않고 생산량이 많다고 평가하는 오류가 이에 해당 된다.

123. 아래 표는 인적 자원의 채용 및 선발 기준에 활용되는 자료이다. 무엇인가?

> 가. 직무명 : 대학식당 조리사
>
> 나. 직무수행 요건
>
>   1. 성별 : 단정하고 청결한 남·여
>
>   2. 학력 : 중등교육 이상으로 글을 읽고 쓰고 이해할 수 있는 정도
>
>   3. 경력 : 식당에서 6개월 이상 조리 경험
>
>   4. 신체 조건 : 기본 건강진단에서 적합한 조건
>
>   5. 자격/면허 : 조리사
>
> 다. 직무 특성
>
>   1. 준비하는 음식량에 대한 기존적인 지식과 식단에 대한 이해가 필요하다.
>
>   2. 영양사의 지시에 따를 수 있는 능력과 작업 일정을 계획할 수 있는 능력이 필요하다.
>
>   3. 직무 환경은 약간의 위험 정도와 약간의 불쾌 요소가 있을 수 있다.

① 직무기술서　　　　② 직무명세서　　　　③ 직무평가서
④ 직무수행서　　　　⑤ 직무고과서

○ 직무명세서는 특정 직무를 수행하는데 있어서 직무 담당자가 갖추어야 할 지식, 기술, 능력, 기타 신체적 특성과 인성 등의 인적 요건을 기록한 양식이다. 직무기술서와 중복되는 면이 있으나 신규 인력 채용 시 필요한 요건을 보다 명확히 하기 위한 목적으로 작성된다.

124. 종업원 채용 시 참고해야 할 자료가 아닌 것은?

① 직무기술서　　　　② 직무명세서　　　　③ 직무평가서
④ 적성검사서　　　　⑤ 인성검사서

○ 직무평가는 직무의 가치를 평가하는 것이며 가장 큰 목적은 조직 내 임금 구조를 보다 합리적으로 하는 데 있다.

125. 아래 표는 인적 자원의 채용 및 선발 기준에 활용되는 자료이다. 무엇인가?

> 가. 직무명 : 대학식당 주 조리사
>
> 나. 직무 내용
>
> 　　주 조리사는 점심 메뉴를 준비하고 식사 준비에 이용되는 식기 및 기기 등을
> 정리하고 식당을 위생적으로 관리한다.
>
> 다. 직무수행 요건
>
> 　　1. 책임감을 가지고 정해진 시간에 식사를 제공할 수 있어야 한다.
>
> 　　2. 양질의 음식이 제공될 수 있도록 조리법을 표준화해야 한다.
>
> 　　3. 영양사의 관리·감독에 협조하며, 보조 조리원을 효율적으로 관리한다.

① 직무기술서　　　　② 직무명세서　　　　③ 직무평가서
④ 직무수행서　　　　⑤ 직무고과서

　○ 직무기술서는 특정 직무의 의무와 책임에 대한 조직적이고 사실적인 해설서로 직무에서 수행하는 과업의 내용, 의무와 책임, 직무수행에서 사용되는 장비 및 직무 환경 등 종업원과 관리자에게 직무에 관한 개괄적인 정보를 제공한다.

126. 노동조합의 기능으로 옳지 않은 것은?

① 단체교섭　　　　② 경영참가　　　　③ 노동쟁의
④ 조합결성　　　　⑤ 공장폐쇄

　○ 노동조합의 기능 (1) 경제적 기능 : 노동자들이 자신들의 이해를 위하여 단체교섭, 경영 참가, 노동쟁의를 통하여 수행하는 교섭기능 (2) 공제적 기능 : 노동조합이 조합원의 질병, 재해, 실업, 노령, 사망 등으로 노동력이 상실되었을 경우 조합이 마련한 기금을 이용하여 조합원들에게 도움을 줌으로써 상부상조 하는 것 (3) 정치적 기능 : 국가나 사회단체를 대항으로 노동조합이 노동관계법의 제정 및 개정, 근로시간의 효율적인 조종 등의 역할을 담당

127. 민주적 리더십에 대해 올바르게 설명되지 않은 것은?

① 집단 중심적 지도방법이다.
② 권한이 여러 사람에게 분할된다.
③ 협동작업으로 조화가 잘 이루어진다.
④ 종업원의 참여를 적극적으로 유도한다.
⑤ 리더는 소극적으로 조직 활동에 참여한다.

128. 리더의 유형 중 생산성을 향상시키기 위해 인간적 요소를 배제하고 과업을 최고로 중시하는 유형은?

① 온정적 유형 ② 전제적 유형 ③ 민주적 유형
④ 지원적 유형 ⑤ 자유방임적 유형

129. 맥그리거(D. McGregor)의 XY이론 중 Y이론에 대한 설명으로 옳은 것은?

① 인간은 조직의 요구에 수동적이다.
② 인간은 천성적으로 일하기를 싫어한다.
③ 인간은 책임지기를 싫어하고 지위 받기를 좋아한다.
④ 인간은 근본적으로 발전과 책임을 지는 노력을 한다.
⑤ 인간은 조직 목표를 달성하기 위하여 통제되고 강제되어야 한다.

해설

X이론	Y이론
1. 일은 대부분의 사람들이 근본적으로 싫어하는 것이다.	1. 일은 작업 조건만 맞다면 놀이처럼 자연스러운 것이다.
2. 대부분의 사람들은 야망도 없고 책임지는 것을 싫어하며 시키는 일만 하기를 바란다.	2. 조직의 목적을 달성하기 위해서는 자기 통제가 이루어져야 한다.
3. 대부분의 사람들은 조직의 문제를 해결할 수 있는 창의력을 갖고 있지 않다.	3. 대부분의 사람들은 조직의 문제를 해결할 수 있는 창의력을 가지고 있다.
4. 생리적 욕구나 안전 욕구와 같은 저차원의 수준에서 동기부여가 이루어진다.	4. 사회적 욕구나 존경의 욕구, 자아실현의 욕구와 같은 고차원의 욕구에서 동기부여가 이루어진다.
5. 대부분의 사람들은 철저히 통제를 가하고 목표 달성을 강요할 필요가 있다.	5. 사람들은 적절히 동기부여가 된다면 자기 지시적이고 창의적이 될 수 있다.

130. 의사소통의 종류 중 상향적 의사소통에 속하는 것은?

① 회람 ② 지침서 ③ 성과보고 ④ 작업지시 ⑤ 정책설명

조직의 하층 부문으로부터 상위 계층으로 메시지가 전달되는 것으로 업무보고, 제안제도 등이 여기에 해당된다. 상향적 의사소통을 촉진하기 위하여 제안함이나 그룹 미팅, 고충처리제도 등의 방법을 사용하기도 한다.

답 128.② 129.④ 130.③

131. 급식비의 원가 중 직접비에 해당하는 것은?

① 재료비, 인건비, 경비　　　　　② 인건비, 경비, 간접비
③ 재료비, 관리비, 인건비　　　　④ 관리비, 제조원가, 인건비
⑤ 재료비, 판매경비, 제조원가

　　● 간접비 : 간접재료비(보조재료비), 간접인건비(급료, 수당), 간접경비(감가상각비, 보험료, 수선비, 전력비, 가스비, 수도광열비)

132. 손익분기점에 대한 설명은?

① 손실과 비용을 합한 것이다.
② 총매출액에서 비용을 뺀 것이다.
③ 수익과 비용이 일치하는 점이다.
④ 총판매액과 비용이 일치하는 점이다
⑤ 총생산액과 총매출액이 일치하는 점이다.

　　● 손익분기점(Break-even point)이란 총비용과 총수익이 일치하여 이익도 손실도 발생되지 않은 지점을 말한다. 즉 판매 총액이 모든 원가와 비용만을 만족시켰을 때를 손익분기점이라고 한다.

133. 재무관리의 원칙이 아닌 것은?

① 안전성　　　　　　② 유동성　　　　　　③ 수익성
④ 원가 유지　　　　　⑤ 자본 유지

134. 경영관리 이론의 발전 순서로 옳게 나열된 것은?

① 고전적 관리 이론 ➡ 시스템 이론 ➡ 행동 이론 ➡ 상황 이론
② 고전적 관리 이론 ➡ 상황 이론 ➡ 행동 이론 ➡ 시스템 이론
③ 고전적 관리 이론 ➡ 행동 이론 ➡ 시스템 이론 ➡ 상황 이론
④ 고전적 관리 이론 ➡ 시스템 이론 ➡ 상황 이론 ➡ 행동 이론
⑤ 고전적 관리 이론 ➡ 행동 이론 ➡ 상황 이론 ➡ 시스템 이론

　　● 경영 이론의 발전 단계 : 고전적 관리 이론 ➡ 행동 이론 ➡ 시스템 이론 ➡ 상황 이론

135. 경영관리 순환(management cycle)의 순서가 올바른 것은?

① 계획 ➡ 조직 ➡ 지휘 ➡ 통제 ➡ 조정
② 계획 ➡ 지휘 ➡ 조직 ➡ 조정 ➡ 통제
③ 계획 ➡ 조직 ➡ 지휘 ➡ 조정 ➡ 통제
④ 계획 ➡ 조정 ➡ 조직 ➡ 통제 ➡ 지휘
⑤ 계획 ➡ 조정 ➡ 조직 ➡ 지휘 ➡ 통제

    ◐ 경영관리 과정 : 계획 수립 ➡ 조직화 ➡ 지휘 ➡ 조정 ➡ 통제

136. 다음 중 계획의 이점이라고 할 수 없는 것은?

① 정확한 예측 가능   ② 통제의 기초를 제공
③ 비경제적 노력 배제   ④ 권한의 위양이 용이
⑤ 경영활동의 조정이 용이

    ◐ • 계획은 기업이 미래의 불확실성에 대응하기 위한 수단 또는 방향을 제시해준다.
       • 계획은 일차적으로 목표 달성에 초점이 있기 때문에 경영자가 목표 달성에 모든 노력을 집중하게 된다.
       • 계획은 기업이 목표 달성을 위해 필요한 인적·물적 자원 등의 제 자원을 가지고 최소한의 비용으로 최
        대의 효과를 얻도록 하는 데에 도움이 된다.
       • 계획은 기업의 성과를 평가하기 위한 기준이 된다.

137. 다음의 내용은 경영기법 중 무엇을 설명한 것인가?

> 조직의 단위와 전체 목표 간에 일관성 있는 성과 목표를 분명히 하기 위해 종업
> 원이 상사와 협의하여 목표를 결정하고 이에 대한 성과를 부하와 상사가 함께
> 측정하고 고과하는 것

① 목표관리   ② 인사고과   ③ 관리격자
④ 종합적 품질경영   ⑤ 스왓(SWOT) 분석

    ◐ 목표관리법은 조직과 개인의 목표를 전체 시스템 관점에서 통합 관리하는 체계로써 상위자와 하위자가 목
    표 설정에서 목표 달성에 이르기까지 공동으로 관여하여 함께 노력하고 함께 평가하는 과정으로 진행된다.

138. 경영관리 과정 중 무엇에 대한 설명인가?

> 인적 자원과 물적 자원을 분배하여 조직 내 다양한 작업들을 그룹화하고, 종적·횡적 관계를 조정

① 평가   ② 조정   ③ 실행   ④ 조직화   ⑤ 계획 수립

⬭ 조직화는 수립된 계획을 성공적으로 달성하기 위하여 어떠한 형태로 조직을 구성할 것인가를 결정하고 인적자원과 물적자원을 배분하는 행위를 말한다.

139. 한 사람의 장이 직접 지휘할 수 있는 부하의 수에는 한계가 있다는 원칙은?

① 전문화의 원칙   ② 능력화의 원칙
③ 권한 위임의 원칙   ④ 명령 일원화의 원칙
⑤ 감독·한계 적정화의 원칙

⬭ 감독 범위 적정화의 원칙이란 능률적인 감독을 보장하기 위해 한 사람의 관리자가 직접 통제하는 하위자 수를 적정하게 제한해야 한다는 원칙이다.

140. 급식관리 업무 중 통제 기능에 속하는 업무가 아닌 것은?

① 식수 집계   ② 잔식 조사   ③ 원가 분석
④ 식재료 구입   ⑤ 조리작업 시간 조사

⬭ 작업시간 계획표, 업무 할당표, 생산 계획서, 표준 레시피 등은 급식 생산에서의 통제를 수행하기 위한 도구로 사용된다.

141. 서비스(service)의 특성이 아닌 것은?

① 무형성   ② 동질성   ③ 소멸성
④ 비분리성   ⑤ 저장 불능성

⬭ 서비스 기본 특성에는 무형성, 생산과 소비의 비분리성 또는 동시성, 이질성 또는 비일관성, 저장 불능성 또는 소멸성 등이 있다.

142. 마케팅 활동 수행 과정의 순서로 옳은 것은?

① 마케팅 환경 분석–표적 시장 선정–포지셔닝–마케팅믹스 개발–시장 세분화
② 마케팅믹스 개발–마케팅 환경 분석–시장 세분화–포지셔닝–표적 시장 선정
③ 표적 시장 선정–마케팅믹스 개발–포지셔닝–소비자 구매 행동 분석–시장 세분화
④ 소비자 구매 행동 분석–시장 세분화–표적 시장 선정–포지셔닝–마케팅믹스 개발
⑤ 시장 세분화–소비자 구매 행동 분석–표적 시장 선정–마케팅믹스 개발–포지셔닝

> ● 마케팅 활동 수행 과정
>
> | | | |
> |---|---|---|
> | • 시장 기회 분석 | • 표적시장 선정 | • 마케팅 믹스 개발 |
> | • 마케팅 환경 분석 ⇒ | • 시장 세분화 ⇒ | • 제품 전략 |
> | • 소비자 구매행동 분석 | • 표적시장 선정 | • 가격 전략 |
> | | • 포지셔닝 | • 유통 전략 |
> | | | • 촉진 전략 |

143. 종합적 품질 경영을 위한 지원적 요소가 아닌 것은?

① 종업원 교육과 훈련을 통해 품질을 향상시킨다.
② 환경 변화에 효과적인 의사소통 수단을 개발한다.
③ 품질 경영 개선에 도움이 될 고객만족도 측정 자료를 제공한다.
④ 품질 향상의 결과를 종업원 공동의 동일한 노력으로 평가한다.
⑤ 최고 경영진은 종업원의 노력을 이끌어내는 리더십을 발휘한다.

> ● 종합적 품질 경영은 조직의 모든 기능 영역에서 지속적인 개선을 추구하는 종합적인 경영철학으로 정의할 수 있으며, 고객 중심, 공정 개선, 전사적 참여의 세 가지 원칙하에 지속적인 품질개선을 달성하고자 한다.

144. 물품의 입고 및 출고 시 수량을 계속해서 기록함으로써 남아 있는 물품의 목록과 수량을 파악하여 적정 재고량을 유지하고 재고 자산을 파악할 수 있게 하는 재고관리 방법은?

① 영구재고 시스템   ② 실사재고 시스템
③ 선입선출 시스템   ④ 후입선출 시스템
⑤ 적정재고 시스템

> ● 영구재고 시스템은 구매하여 입고되는 물품의 수량과 창고에서 출고되는 수량을 계속적으로 기록하여 적정 재고량을 유지하는 방법이다. 장점은 어느 때든지 당시의 재고량과 재고 금액을 파악할 수 있어 적절한 재고량을 유지하는데 필요한 정보 제공과 통제를 할 수 있고, 단점은 경비가 많이 들고 많은 노동력이 필요로 하며 수작업으로 할 경우 오차가 생길 우려가 있어 전산화 하여 운영하면 효과적이다.

145. 볶음 감자 70g의 급식을 위해 필요한 감자의 구매량은(출고 계수 1.1)?

① 63g   ② 67g   ③ 70g   ④ 77g   ⑤ 84 g

　　❍ 출고계수 = 100/(100−폐기율)이다. 발주량 = 1인 분량×출고계수

146. 다음 중 법적 소유권이 없는 사람은?

① 소매상   ② 시장 도매인   ③ 매매 참가인
④ 산지 유통인   ⑤ 도매시장 개설자

147. 농수산물 유통에 관한 설명으로 옳지 않은 것은?

① 운송비의 과다
② 생산 및 공급의 불안정
③ 계절 간 가격 변동의 심화
④ 공산품과는 달리 비교적 단순함
⑤ 상품성 및 규격화 유지의 어려움

　　❍ 공산품과 달리 농수산 식품의 유통상 문제점은 생산공급이 불안정하고, 상품성 유지가 어려우며, 규격화 유지의 어려움, 운송비 과다, 농가별 유통 활동의 영세성, 계절 간 가격 변동의 심화 등이 있다.

148. 경쟁 입찰보다 수의계약으로 더 유리한 식품은?

① 채소   ② 곡류   ③ 간장   ④ 건어물   ⑤ 밀가루

　　❍ 수의계약은 소규모 급식시설에 적합한 구매 계약 방법이며 채소·생선·육류 등의 비저장 품목을 수시로 구매할 때 주로 사용한다.

149. 적정 발주량 결정을 위해 필요한 사항으로 옳은 것은?

① 폐기율, 재고량, 조리원 수
② 상품 가격, 주문 비용, 계절적 요인
③ 가식부율, 저장시설 위치, 주문 비용
④ 재료의 특성, 저장시설 위치, 폐기율
⑤ 과거 식수 기록, 주문 비용, 조리원 수

　　❍ 발주량을 결정할 때는 가격 변동 요인, 수량 할인, 재료의 저장 특성, 계절 요인을 고려하여 저장 비용과 주문 비용을 파악한 후 시행한다.

150. 재고자산 평가 방법 중 가장 먼저 들어온 품목이 나중에 입고된 품목들보다 먼저 사용된다는 재고 회전원리에 의해 마감 재고액에는 가장 최근에 구입한 식품의 단가가 반영되는 방법은?

① 총평균법　　　　　② 후입선출법　　　　　③ 선입선출법
④ 최종 구매가법　　　⑤ 실제 구매가법

　◐ 선입선출법은 가장 먼저 들어온 품목이 나중에 입고된 품목들보다 먼저 사용된다는 재고회전 원리에 기초를 두고 있으며, 마감 재고액에는 가장 최근에 구입한 식품의 단가가 반영된다. 이 방법은 시간의 변동에 따라 물가가 인상되는 상황에서 재고가를 높게 책정하고 싶을 때 사용할 수 있다.

151. 학교급식에서 많이 도입하고 있으며, 조리 시설 및 경비의 절약을 위해 도입하고 있는 급식 형태는 무엇인가?

① 공동 조리 제도　　　② 공동관리 제도　　　③ 선택식 제도
④ 주문 조리 급식　　　⑤ 조리 저장식 제도

　◐ 국내에서는 1992년부터 정책적으로 추진된 학교급식 확대 과정에서 각 개별 학교에 설치하는 급식시설비 및 인건비를 절감하기 위해 중앙공급식 급식체계를 도입하였고 이를 공동조리방식이라 명하였다.

152. 학교급식의 목적이 아닌 것은?

① 협동정신 함양　　　② 식품 가격의 평준화　　　③ 합리적인 영양 섭취
④ 바람직한 식습관 향상　　⑤ 체력 향상

　◐ 우리나라 학교급식의 목적은 성장기 아동들에게 따뜻하고 영양적인 식사를 제공하여 학생의 건강을 유지 증진시키고, 올바른 식생활 습관 형성으로 식생활 관리 능력을 함양하여 평생 건강의 기틀을 마련하는 교육의 일환으로 실시하는 것이다.

153. 급식업무를 위탁화할 때 주의할 점은?

> ㉮ 급식소의 목표와 상황을 파악
> ㉯ 위탁급식 시 상황을 분석 및 평가
> ㉰ 위탁할 경우 위탁 진행 과정과 계약 체결을 검토
> ㉱ 저렴한 식단가로 고객의 불만이 누적됨을 개선

① ㉮㉯㉰　　② ㉮㉰　　③ ㉯㉱　　④ ㉱　　⑤ ㉮㉯㉰㉱

154. 조합식 급식 체계에 대한 설명으로 옳지 않은 것은?

① 노동과 시간을 절약할 수 있다.
② 시설과 설비를 최소화할 수 있다.
③ 식단에 사용하는 식품의 종류가 한정적이다.
④ 피급식자의 기호를 충분히 만족시킨다.
⑤ 음식의 분량 통제가 철저하여 낭비가 거의 없다.

　◑ 조합식 급식제도란 식품제조업체나 가공업체로부터 완전히 조리되어 상품화된 음식을 구입하여 제공하는 급식제도로 소규모 음식을 급식하는 경우에 많이 이용된다. 장점은 노동 시간이 절약되고, 시설설비를 최소화할 수 있으며, 분량 통제가 철저하고 낭비가 거의 없다. 단점은 일률적인 급식으로 영양과 기호를 충족시키지 못하고, 인건비는 낮으나 생산비가 비싸므로 경제성은 적다.

155. 중등 활동 성인 남자 20~29세 열량추정량, 단백질 영양섭취 기준으로 옳은 것은?

① 열량 2,500kcal, 단백질 45g　　　② 열량 2,500kcal, 단백질 55g
③ 열량 2,600kcal, 단백질 45g　　　④ 열량 2,600kcal, 단백질 55g
⑤ 열량 2,700kcal, 단백질 45g

156. 조 · 중 · 석식의 영양량 배분의 자료는?

① 식량구성표　　　② 기초식품군　　　③ 식품분석표
④ 생활시간조사　　　⑤ 영양권장량

157. 식단의 기능에 대한 설명은?

| ㉮ 고객과 급식소의 최초의 대화 | ㉯ 조리업무에 대한 작업지시서 |
| ㉰ 제공하는 음식에 대한 제공 | ㉱ 급식효과 평가표 |

① ㉮㉯㉰　　② ㉮㉰　　③ ㉯㉱　　④ ㉱　　⑤ ㉮㉯㉰㉱

　◑ 식단은 급식 대상자를 위한 메뉴표로 일주일간 또는 한 달간의 음식명이 기재되는 것이 보통이다. 또 식단은 급식관리를 위한 메뉴표로 끼니별 음식명 식재료의 종류와 양, 예정 식수에 따른 전체 식품의 분량 등이 기재된다.

158. 식단 작성 시의 일반적인 고려 사항으로 옳지 않은 것은?

① 색의 변화, 맛의 조화를 고려한다.
② 각 급식 대상자의 1인 분량을 설정하도록 한다.
③ 영양섭취기준에 근거한 균형 잡힌 식단을 작성한다.
④ 계절식품을 많이 활용한다.
⑤ 식단가에 맞는 식단이 되도록 한다.

> ◐ 식단 작성 시 고려 사항 : 대상 고객의 연령, 성별, 직업에 따른 특징을 파악, 계절식품 사용 및 위험 식재료 배재, 맛의 조화나 색의 대비, 향의 조화, 다양한 질감, 외관의 변화 등 관능적 특성 고려, 다양한 조리법 사용, 재료의 중복 사용 배제, 정해진 시간 내 조리 완료 등이 있다.

159. 병원급식에서 환자식단을 작성할 때 가장 중요한 것은?

① 환자의 기호
② 보호자의 건의사항
③ 의사의 식사처방
④ 간호사가 지시한 영양량
⑤ 환자의 요구식단

160. 식단의 평가 기준에 포함되지 않는 것은?

① 영양소 균형
② 시각적 조화
③ 조리법의 다양성
④ 식재료의 저장성
⑤ 촉감의 균형

161. 급식 수요예측에서 가장 기본이 되는 자료는?

① 과거 식단표
② 배식 소요 시간
③ 조리 기술 수준
④ 음식 생산 체계
⑤ 과거의 식수 기록

162. 표준레시피 활용 시 장점이 아닌 것은?

① 일관성 있는 배식 가능
② 균일한 음식 생산량 유지
③ 작업 생산량 향상
④ 영구히 사용 가능
⑤ 일정한 음식 품질 유지

> ◐ 표준조리레시피 사용으로 생산될 음식의 일정한 품질과 양을 유지하여 일관성있는 배식이 가능하며 생산성 증가와 조리원 훈련 등의 장점이 있다. 각 급식소의 특정 상황에 맞는 표준화된 레시피가 개발되어야 하고 기호도가 높고, 가장 자주 이용되는 음식부터 표준화하는 것이 좋다.

163. 카페테리아(cafeteria) 방식과 같은 선택 식단의 장점은?

> ㉮ 영양지도에 효과적이다.   ㉯ 급식의 강제성를 완화시킨다.
> ㉰ 식사시간이 절약된다.   ㉱ 기호를 충족시킬 수 있다.

① ㉮㉯㉰   ② ㉮㉰   ③ ㉯㉱   ④ ㉱   ⑤ ㉮㉯㉰㉱

➲ 카페테리아는 자신의 기호를 고려하여 음식을 자유롭게 선택하는 방식으로 장점은 기호, 양, 경제에 맞춰 선택할 수 있고, 관리자 측면에서는 요리에 필요한 시간과 노력이 증대되고, 인기있는 메뉴는 빨리 없어지고, 그렇지 않은 메뉴는 남는 결점이 있다. 각 개인의 취향을 파악하기 어려워 영양관리상 곤란한 점이 있다.

164. 보존식 보관·관리 요령은?

① 배식 직전에 종류별로 1.5인분씩 담아 5℃ 이하에서 72시간 냉장 보관
② 보존식 용기는 소독하기 쉽고 각 음식물을 독립적으로 보존한다.
③ 보존 기간이 끝나면 음식과 용기를 폐기처분한다.
④ 보존식 기록지에는 날짜, 시간만 기록한다.
⑤ 보존식은 항상 청결하게 유지된 냉장고에 보관한다.

> ➲ 보존식의 보관 요령
> • 보존식은 배식 직전에 소독된 보존식 전용 용기 또는 위생 비닐봉지에 종류별로 각각 1인분씩 담아 144시간 이상 냉동보관한다.
> • 보존식 용기는 소독하기 쉽고 각 음식물이 독립적으로 보존되어야 한다.
> • 완제품을 제공하는 식재료는 원상태로 보관한다.
> • 담당자는 보존식의 기록지에 날짜, 시간, 채취자 성명을 기록하여 관리한다.
> • 보존식은 청결 상태나 온도가 일정하게 유지되는 냉동고에 보관한다.
> • 식중독 발생 시에는 보고나 또는 사용중인 보존식이나 식재료는 역학조사가 완료될 때까지 폐기하거나 소독 등으로 현장을 훼손하여서는 안되며 원상태로 보존하여야 한다.
> • 보존 기간이 지나면 폐기처분하고 용기는 열탕소독한 후 청결하게 유지하여야 한다.

165. 효율적인 조리작업을 위한 설비 시 유의점으로 옳지 않은 것은?

① 넓은 시야 확보   ② 효율적 작업 동선
③ 기능적 조리 동작   ④ 섬세한 조리기구 배치
⑤ 다목적용 기기 선택 및 배치

> ➲ 조리작업 효율화를 위한 설비: 넓은 시야 확보, 효율적인 작업 동선, 다목적용 기기 선택과 배치, 조리대 수납설비 및 공간활용 등이 있다.

답 163.③   164.②   165.④

166. 무작위로 추출한 관측 시간에 연구 대상을 순간적으로 관측하여 일정 시간 동안에 작업별 소요 시간 비율을 산정하는 작업 측정 방법은?

① 워크 샘플링　　　　　　② 동작분석법　　　　　　③ 실적기록법
④ 시간연구법　　　　　　⑤ PTS(Predetermined Time Standard)법

　　○ 워크샘플링법은 통계적 수법을 사용하는 작업 측정의 한 방법으로 다른 연속적인 측정법보다 경제적인 비용으로 작업을 측정할 수 있다. 워크샘플링에서는 무작위로 추출한 관측 시간에 연구 대상을 순간적으로 관측하여 미리 작성한 관측표에 작업 종류별로 기록한 다음 하루의 관측이 완료된 후 각 항목별로 관측된 횟수를 총 관측의 기록 횟수로 나누어 작업 요소들의 구성 비율을 추정하게 된다.

167. 급식소의 인력 효율성 평가 및 인력 채용 기준으로 사용되는 것은?

① 작업일정표　　　　　　② 생산성 지표　　　　　　③ 사무 공정분석
④ 작업자 공정분석　　　　⑤ 생산품 공정분석

168. 단체급식 시설의 위치 선정의 조건이 아닌 것은?

① 환경위생이 좋은 곳
② 서로의 작업상 불편하지 않은 곳
③ 지상보다는 지하층이 편리
④ 구입, 배식이 편리한 곳
⑤ 급식 대상자의 왕래가 편리한 곳

169. 조리기기의 용도를 설명한 것으로 옳은 것은?

㉮ 그라인더–육류 갈기	㉯ 초퍼–거품기
㉰ 필러–탈피기	㉱ 슬라이서–채소 다지기

① ㉮㉯㉰　　　② ㉮㉰　　　③ ㉯㉱　　　④ ㉱　　　⑤ ㉮㉯㉰㉱

　　○ 박피기(feeler)는 감자, 당근 , 무 등의 껍질을 단시간내에 벗겨내는 기기이며 절단기에는 육류 및 각종 양념을 다지는데 사용하는 분쇄기(chopper), 육류나 햄을 일정한 두께로 썰어주는 슬라이서(slicer), 각종 채소류 및 구근류 등을 용도에 맞게 절단하는 채소절단기(vegetavle cutter) 등이 있다.

170. 전표의 기능으로 옳은 것은?

① 고정성   ② 집합성   ③ 대상의 통제
④ 현상의 파악   ⑤ 경영의사 전달

  ◑ 전표는 의사전달이 필요할 때마다 작성되어 업무흐름에 따라 이동하는 서식이다. 따라서 이동성과 함께 매번 새롭게 작성되는 분리성을 가지고 있다. 전표는 경영의사 전달의 수단이 되며 한 가지 사항만을 기록하므로 대상의 상징화 기능을 수반하게 된다.

171. 시간제 근무자 중에 근무 태도가 뛰어난 사람을 정시 직원으로 채용하는 모집 방법은?

① 내부 모집   ② 연고 모집   ③ 외부 모집
④ 공고 모집   ⑤ 수시 모집

  ◑ 내부 모집 방법으로는 사내 공모, 내부 승진, 배치 전환, 직무 순환, 재고용이나 재소환 등이 있다.

172. 직무와 관련된 활동, 과업 또는 의무 등과 같이 직무에 관한 정보를 획득하는 과정으로 인적자원 관리의 기초가 되는 것은?

① 직무평가   ② 직무설계   ③ 직무확대
④ 직무분석   ⑤ 직무충실화

  ◑ 직무분석이란 각 직무의 내용, 특징, 자격 요건을 분석하여 다른 직무와의 질적인 차이를 분명하게 하는 절차라 할 수 있다. 직무분석은 직무를 수행하기 위해 담당자에게 요구되는 경험, 기능, 지식, 능력, 책임뿐만 아니라 직무가 타 직무와 구별되는 요인을 명확히 밝혀서 기술하는 수단이다.

173. 종업원 능력 개발, 작업 향상 및 처우를 위한 중요한 기초 자료가 되는 것은?

① 인사고과   ② 직무평가   ③ 직무분석
④ 직무확대   ⑤ 직무설계

  ◑ 인사고과는 조직 구성원들의 현재 또는 미래의 능력과 업적을 비교·평가함으로써 각종 인사관리 활동에 필요한 정보를 획득·활용하는 체계적인 활동을 말한다.

답 170.⑤ 171.① 172.④ 173.①

174. 수평적인 업무의 추가와 더불어 수직적으로는 책임을 부여하여 직무를 변화시키는 직무 설계는?

① 직무 확대   ② 직무 순환   ③ 직무 충실화
④ 직무 단순화   ⑤ 직무 기술서

➡ 직무 충실화는 직무의 범위뿐만 아니라 직무의 내용을 확대하려 한다는 점에서 여타의 직무 설계 전략과 구별된다. 직무 내에 동기부여 요인을 부여하기 위하여 설계된 것으로 종업원들은 자신의 작업 성과분만 아니라 작업계획과 평가까지도 관여하게 된다.

175. 종업원과 관리자가 계획 수립에서부터 실행, 평가에 이르는 전 과정에 함께 참여하여 공동의 목표를 설정하고 이에 대한 성과와 종업원의 만족도를 동시에 증진시키는 인사고과 방법은?

① 평가척도법   ② 강제할당법   ③ 평가센터법
④ 목표관리법   ⑤ 체크리스트법

➡ 목표 관리법은 조직과 개인의 목표를 전체 시스템 관점에서 통합 관리하는 체계로써 상위자(경영자)와 하위자(부하)가 목표 설정에서 목표 달성에 이르기까지 공동으로 관여하여 함께 노력하고 함께 평가하는 과정으로 진행된다.

176. 근로자의 요구나 기업의 자율적 의사결정에 관계없이 정부가 입법에 의해서 기업이 고용하고 있는 근로자의 복지를 위해 기업으로 하여금 강제로 도입하도록 하는 것은?

① 퇴직금 · 유급 휴가 지원
② 고용보험 · 문화 시설 지원
③ 의료보험 · 생활 시설 지원
④ 연금보험 · 보건위생 시설 지원
⑤ 산업재해보상보험 · 경제 시설 지원

➡ 법정복리후생으로는 의료보험, 연금보험, 산재보험, 고용보험 등이 있다.

177. 전제적 리더십의 특징으로 적절한 것은?

① 협동심이 강하다.   ② 단결심이 강하다.   ③ 책임감이 강하다.
④ 개인의식이 강하다.   ⑤ 참여의식이 강하다.

➡ 전제형 리더십의 지도자는 업무 중심의 감독자이고 방침은 리더에 의해 대부분 결정되기 때문에 독단적이고 강압적이고 목표가 언제나 명확하며, 통솔력과 지도력이 우수하다.

178. 다음의 특징을 가지는 리더십 유형은?

> • 팀워크를 가장 중요하게 생각한다.
>
> • 종사원과의 토의와 협력을 선호한다.
>
> • 필요에 따라 종사원의 업무도 변경할 자세를 가진다.
>
> • 이 리더십을 발휘하여 종사원들이 각자의 임무를 완수하도록 돕는다.

① 지시적 리더십　　　　② 지원적 리더십　　　　③ 협력적 리더십
④ 변혁적 리더십　　　　⑤ 구조주도형 리더십

179. 매슬로(Maslow)의 욕구계층 이론에서 주요 직무에 대한 책임, 고차원의 직무로 승진 하고자 하는 욕구는?

① 안전 욕구　　　　② 존경 욕구　　　　③ 사회적 욕구
④ 생리적 욕구　　　　⑤ 자아실현 욕구

> ◎ 매슬로우의 욕구계층 이론
> 고차원의 욕구　• 자아실현 욕구 : 자신의 창의력을 통한 성장 가능성 인식
> 　　　　　　　• 존경 욕구 : 성취, 인정, 지위 등
> 저차원의 욕구　• 사회적 욕구 : 사랑, 소속감, 인간관계 등
> 　　　　　　　• 안전 욕구 : 위험으로부터의 보호, 공포물로부터의 자유, 안전 등
> 　　　　　　　• 생리적 욕구 : 생명 유지, 공기, 물, 옷, 음식, 잠, 성 등

180. 다음 중 조직 내에서 이루어지는 하향식 의사소통에 대한 설명은?

① 고충 처리　　　　　　② 제안함의 설치
③ 하급자 주도형 의사소통　　　④ 종업원 참여적 의사결정
⑤ 지시 또는 명령적 의사소통

> ◎ 하향식 의사소통은 조직의 권한 계층을 따라 상층 부문으로부터 하위 계층 부문으로 전달되는 의사소통이다.

181. 단체급식의 예산 중 가장 큰 지출항목은?

① 광열비　　　② 인건비　　　③ 비품비　　　④ 운영비　　　⑤ 식재료비

답 178.③　179.②　180.⑤　181.⑤

182. 일정 기간 동안의 수익과 비용 발생을 명확히 명시해 주어 기업의 경영 성과를 나타내주는 재무제표는?

① 회계장부   ② 손익계산서   ③ 손익분기표
④ 자산평가표   ⑤ 대차대조표

> ◆ 손익분기점(Break-even point)이란 총비용과 총수익이 일치하여 이익도 손실도 발생되지 않은 지점을 말한다. 즉 판매 총액이 모든 원가와 비용만을 만족시켰을 때를 손익분기점이라고 한다.

183. 1일 총 매출액이 1,200,000원인 급식소에서 인건비를 포함한 고정비용은 400,000원, 식재료비를 포함한 변동비용은 600,000원이다. 1일 총이익은 얼마인가?

① 100,000원   ② 200,000원   ③ 300,000원
④ 600,000원   ⑤ 800,000원

> ◆ 매출액(S) = 고정비(FC) + 변동비(VC) + 이익(P)

184. 연구자와 경영이론의 연결로 옳지 않은 것은?

① 메이요(Mayo) : 인간관계론
② 페이욜(Fayol) : 관리일반이론
③ 테일러(Taylor), 간트(Gantt) : 과학적 관리법
④ 피들러(Fiedler), 길브레스(Gilbreth) : 상황적합이론
⑤ 매슬로(Maslow), 맥그리거(McGrsgor) : 행동과학이론

> ◆ • 과학적 관리법 : 테일러, 간트, 길브레스
> • 관리 일반 이론 : 페이욜
> • 인간관계론 : 메이요
> • 행동과학 이론 : 맥그리거, 매슬로

185. 민츠버그(Mintzberg)가 분류한 경영자의 역할은?

① 대표자 역할, 지도자 역할, 기업가 역할
② 대표자 역할, 정보전달 역할, 협상자 역할
③ 지도자 역할, 기업가 역할, 문제해결 역할
④ 대인간 역할, 정보관련 역할, 의사결정 역할
⑤ 기업가 역할, 의사결정 역할, 자원분배 역할

> ◆ 민츠버그가 분류한 경영자의 역할은 대인관계 역할, 정보전달 역할, 의사결정 역할 등이 있다.

186. 고객의 서비스 만족도 조사에서 낮은 점수로 평가 받은 급식소가 고객으로부터 우수한 평가를 받은 업체의 운영 과정을 배우려고 한다. 이런 경우에 어떤 경영기법을 적용한 것인가?

① 스왓분석　　　　　② 텔파이법　　　　　③ 벤치마킹
④ 노미널법　　　　　⑤ 리엔지니어링

> ◉ 벤치마킹은 어느 특정 분야의 우수한 상대를 기준으로 삼아 자기 기업과 성과 차이를 비교하고 이를 극복하기 위해 그들의 뛰어난 운영 과정을 배우면서 부단히 자기 혁신을 추구하는 새로운 경영기법이다.

187. 경영관리의 계획수립 방법으로 적당하지 않은 것은?

① 공통 목표 확인　　　　　② 명확한 목적 설정
③ 최선의 안을 결정　　　　　④ 사실 분석 및 검토
⑤ 필요한 정보 및 자료 수집

> ◉ 계획을 수립할 때는 먼저 현재의 상황을 파악하고 조직이나 부서의 문제점을 분석한 후, 미래의 변화에 대비한 예측과 가정을 통해 조직의 목표를 성취할 수 있는 다양한 방법을 모색하여야 한다. 이중에서 최선의 안을 선택하여 구체적인 방침과 절차, 방법을 정하여 실행하고 최종적으로 실행 결과를 평가하게 된다.

188. 경영조직 구성 및 운영에 필요한 조직의 원칙이 아닌 것은?

① 평등의 원칙　　　　　② 전문화의 원칙
③ 계층단축의 원칙　　　　　④ 권한위양의 원칙
⑤ 명령일원화의 원칙

> ◉ 조직화의 원칙에는 전문화의 원칙, 권한과 책임의 원칙, 권한위임의 원칙, 명령일원화의 원칙, 감독 범위 적정화의 원칙 등이 있다.

189. 다음 사항은 라인(line) 조직의 장점이 아닌 것은?

① 통솔력이 강하다.　　　　　② 명령 체계가 확실하다.
③ 조직 구조가 단순하다.　　　　　④ 책임과 권한이 강하다.
⑤ 부서의 전문화가 유리하다.

> ◉ 라인 조직은 권한과 책임의 구분이 분명하며 문제 발생 시 명령계통이 일원화되며, 통솔력이 강하고 빠른 의사 결정과 전달이 가능하다.

답 186.③　187.④　188.①　189.⑤

190. 다음 중 경영관리에 있어 통제에 속하지 않는 것은?

① 기준 설정　　　　② 업적의 측정　　　　③ 보고기록 의무
④ 업무수행평가　　　⑤ 직무수행의 시정조치

　◉ 내부 통제 요소는 조직의 목적, 목표와 같은 다양한 계획들이다. 외부 통제 요소로는 정부나 행정기관의 법규나 규제 등이다.

191. 마케팅 믹스(marketing mix)에 속하지 않는 것은?

① 제품　　　　② 가격　　　　③ 유통　　　　④ 촉진　　　　⑤ 시장

　◉ 기본적인 마케팅 믹스는 고객과 의사소통을 하거나 고객만족을 위해 기업이 관리하는 주요 요소로써 제품, 가격, 유통, 촉진이 종합된 것이다.

192. 급식소에서 고객만족을 위한 서비스의 품질관리 내용이 아닌 것은?

① 메뉴의 다양성　　　　　　② 영양사의 태도
③ 조리 종사원의 수　　　　　④ 급식소 실내 분위기
⑤ 급식소의 냉·난방시설

193. 지속적 품질개선을 달성하기 위한 종합적 품질경영의 원칙이 아닌 것은?

① 고객 중심　　　　　　② 공정개선
③ 전사적 참여　　　　　④ 통계적 품질관리
⑤ 전략적 품질계획

　◉ 종합적 품질경영은 조직의 모든 기능 영역에서 지속적인 개선을 추구하는 종합적인 경영철학으로 정의할 수 있으며, 고객 중심, 공정 개선, 전사적 참여의 세 가지 원칙하에 지속적인 품질개선을 달성하고자 한다.

194. 식수 인원 1,000명인 급식소에서 호박볶음을 하려고 한다. 1인 분량 100g, 폐기율 10%일 때 발주량은?

① 100kg　　　② 110kg　　　③ 115kg　　　④ 120kg　　　⑤ 125kg

　◉ 발주량 = 1인분 제공량÷(100−폐기율)×100×식수 인원

195. 정기 발주량에 대한 설명으로 옳은 것은?

① 발주 시기는 부정기적이다.
② 정기적으로 부정량을 발주한다.
③ 가격이 저렴한 제품의 경우 사용한다.
④ 재고관리는 계속적인 실사 방법으로 한다.
⑤ 재고가 발주점에 이르면 일정량을 발주한다.

◐ 정기 발주 방법은 일정한 기간마다 정기적으로 발주를 하는 방식으로 고가 물품으로 인해 재고 부담이 크거나 조달 기간이 길고, 수요예측이 가능한 물품의 경우에 발주 시점의 소요량(혹은 수요량, 소비량)을 산출하여 발주하는 방법이다.

196. 건조 창고의 관리기준으로 옳은 것은?

① 후입선출하기 쉽도록 보관한다.
② 실내온도는 25℃~35℃가 적당하다.
③ 적합한 상대습도는 50%~60%가 적당하다.
④ 건조된 것은 식품 이외의 것도 함께 보관한다.
⑤ 선반은 바닥과 벽으로부터 5cm 이상의 공간을 띄워야 한다.

◐ 건조창고는 환기 및 조명시설이 잘 갖춰지고 위생적이어야 하며, 해충의 접근이나 과다한 습도로부터 보호될 수 있는 곳이어야 한다. 온도 15~24℃, 습도 50~60%가 좋으며, 선반은 습기 방지를 위하여 바닥에서 약 25cm 벽면으로부터 약 5cm 떨어진 곳에 설치하는 것이 이상적이다.

197. 구매하고자 하는 물품의 품질 및 특성에 대하여 기록한 양식으로 옳은 것은?

① 발주서   ② 검수서   ③ 물품 거래 명세서
④ 물품 구매 명세서   ⑤ 물품 구매 청구서

◐ 물품 구매 명세서는 구매하고자 하는 물품의 품질 및 특성에 대하여 기록한 양식으로 구입명세서, 물품명세서, 시방서라고도 한다.

198. 어패류의 식품 감별 방법으로 옳은 것은?

① 선도가 떨어지면 내장이 단단하게 붙어 있음
② 신선한 것은 물속에 두었을 때 가라앉지 않음
③ 선도가 떨어지면 아가미 색이 담적색 또는 암적색이 됨
④ 선도가 떨어지면 어육이 뼈에 붙어 있어 발라내기 어려움
⑤ 신선한 것은 체표에 광택이 있고 어종에 따라 특유의 색채를 가짐

답 195.② 196.③ 197.④ 198.⑤

○ 어패류는 신선한 것은 내장이 단단하게 붙어 있어 연약감이 없고 아가미 색이 담적색 또는 암적색이고 조직은 단단하게 보인다. 선도가 떨어지면 어육이 척골 주변의 육이 적갈색으로 변하고 분리하기 쉬우며 신선한 것은 체표에 광택이 있고 어종에 따라 특유의 색채를 가진다.

199. 수의계약 방법의 장점으로 옳은 것은?

① 의혹을 사기 쉽다.
② 공평하고 경제적이다
③ 구매자의 구매력이 제한된다.
④ 불리한 가격으로 계약하기 쉽다.
⑤ 절차가 간편하여 경비와 인원을 줄일 수 있다.

○ 수의계약은 계약 내용을 경쟁에 붙이지 않고 수행할 수 있는 자격을 가진 특정인과 계약을 체결하는 방법으로 장점은 절차가 간편하고 경비와 인원을 줄일 수 있다. 신용이 확실한 자를 선정할 수 있어 안전하다. 단점은 공정성을 잃고 정실에 흐르기 쉽고, 불리한 가격으로 계약하기 쉬우며, 숨은 유능한 업자를 발견하기 어렵다.

답 199.⑤

식품재료학

문제 및 해설

CHAPTER 05

05 식품재료학

1. 보리에 대한 설명 중 옳은 것은?

① 보리의 주된 단백질은 오리제닌이다.
② 보리의 골진 부분에는 섬유소가 많다.
③ 보리를 분할하여 만든 것이 압맥이다.
④ 보리는 고량주의 원료이다.
⑤ 보리는 리신이나 트립토판이 많다.

○ 보리는 lysine과 tryptophan과 같은 필수아미노산이 적으며 단백질은 hordein이 주된 단백질로 맥주의 원료로 사용된다.

2. 다음 음식을 만든 전분이 아밀로펙틴(amylopectin)만으로 된 것은?

① 백설기   ② 보리밥   ③ 인절미
④ 메밀국수   ⑤ 옥수수

○ 아밀로펙틴(amylopectin)은 찹쌀의 전분 성분이다.

3. 쌀의 주된 단백질과 제한아미노산으로 옳은 것은?

① 제인(zein) - 트레오닌(threonine)
② 이포마인(ipomein) - 라이신(lysine)
③ 오리제닌(oryzenin) - 라이신(lysine)
④ 오리제닌(oryzenin) - 시스테인(cysteine)
⑤ 호르데인(hordein) - 트레오닌(threonine)

○ 일반적으로 곡물의 제한 아미노산은 lysine이다. 제인은 옥수수의 단백질이다.

4. 아미노산에 대한 설명으로 옳은 것은?

① 단백질을 구성하는 아미노산은 거의 D형이다.
② 루이신(leucine)은 쌀의 제1제한 아미노산이다.
③ 트립토판은 필수아미노산인 동시에 함황 아미노산이다.
④ 글루탐산(glutamic acid)은 감칠맛을 내는 아미노산이다.
⑤ 히스티딘(histidine)을 제외한 아미노산은 입체이성체를 가진다.

➲ ① 아미노산은 거의 L형이다. ② 쌀의 제한 아미노산은 리신이다. ③ 트립토판은 필수아미노산이나 방향족 아미노산이다. ④ 글리신을 제외한 아미노산은 입체이성체를 가진다.

5. 식품과 함유된 단백질의 연결이 옳은 것은?

① 옥수수 – 제인(zein)　　　　　② 보리 – 오리제닌(oryzenin)
③ 밀 – 글라이시닌(glycinin)　　④ 쌀 – 호데인(hordein)
⑤ 콩 – 글루테닌(glutenin)

➲ 보리-호데인(hordein), 밀-글루테닌(glutenin), 쌀-오리제닌(oryzenin), 콩-글라이시닌(glycinin)

6. 미숫가루를 만들 때 건열로 가열하면 전분의 열분해가 일어난다. 이 과정을 무엇이라고 하는가?

① 전분의 호화　　　　② 전분의 산화　　　　③ 전분의 겔화
④ 전분의 호정화　　　⑤ 전분의 전화

➲ 전분을 열분해하면 전분보다 분자량이 작고 용해도가 커져 호정화된 덱스트린이 생성된다.

7. 다음 음식이나 식품과 적용된 조리 원리가 옳은 것은?

① 밥 – 호정화　　　　② 뻥튀기 – 노화　　　　③ 식혜 – 당화
④ 굳은 떡 – 호화　　　⑤ 비스킷 – 팽윤

➲ 밥 : 호화, 뻥튀기, 비스킷 : 호정화, 굳은 떡 : 노화

8. 밥맛을 좋게 하는 요소가 <u>아닌</u> 것은?

① pH 7~8의 조리 용수　　　　② 0.03%의 소금
③ 적당한 도정　　　　　　　　④ 피틴(phytin)의 첨가
⑤ 재질이 두껍고 뚜껑이 무거운 용기

답　4.④　5.①　6.④　7.③　8.④

9. 다음 중에서 노화를 막기 위해 전분의 α화 상태로 보존시킨 식품으로 옳은 것은?

   ① 쿠키   ② 죽   ③ 밥   ④ 식혜   ⑤ 물엿

   ➡ α화된 전분의 노화를 막기 위해 80℃ 이상으로 유지하면서 수분을 제거하거나, 0℃ 이하로 얼려서 급속히 탈수한 후 수분 함량을 15% 이하로 해주는데, 이와 같이 α화한 식품으로는 건조반, 냉동건조미, 쿠키, 비스킷, 뻥튀기 등이 있다.

10. 생전분이 호화 되면서 일어나는 현상으로 옳은 것은?

    ① 부피 감소   ② B형의 X선 회절도   ③ 복굴절성 향상
    ④ 소화성 감소   ⑤ 교질 용액 형성

    ➡ 호화전분은 V형의 X선 회절도를 나타낸다.

11. 다음 중 노화가 가장 느린 음식은?

    ① 약과   ② 백설기   ③ 절편   ④ 인절미   ⑤ 매작과

    ➡ 절편과 백설기는 멥쌀가루, 약과와 매작과는 밀가루를 주재료로 하며 경단과 인절미는 찹쌀로 만들어 노화가 느리다.

12. 아밀로펙틴(amylopectin)에 관한 설명으로 옳은 것은?

    ① 요오드와 포접 화합물을 형성하지 않는다.
    ② 아밀로오스(amylose)에 비해 호화되기 쉽다.
    ③ 아밀로오스(amylose)에 비해 노화되기 쉽다.
    ④ 글루코오스가 6개 단위로 된 나선형 구조이다.
    ⑤ 아밀로오스(amylose)에 비해 분자량이 더 작다.

    ➡ 아밀로펙틴은 아밀로오스에 비해 호화, 노화가 어렵고, 가지가 많은 분지형으로 분자량이 크다.

13. caramel화 반응에 대한 설명 중 옳은 것은?

    ① 당이 많은 식품을 보존할 때 자주 발생한다.
    ② 최적 pH는 3.5~4.2이다
    ③ 과자, 비스킷, 캔디 제조 시 일어난다.
    ④ 효소에 의해 발생된다.
    ⑤ 수분이 없는 조건에서 100~150℃로 가열할 때 나타난다.

    ➡ 캐러멜화는 당이 많은 식품을 170℃ 이상으로 조리, 가공할 때 발생하며, 최적 pH는 6.5~8.2이다. 과자, 빵, 비스킷, 캔디 제조 시 일어나며, 장류, 청량음료, 양주, 약식, 청주 등의 착색에 이용된다.

14. 맥아당이 비교적 많이 함유되어 있는 식품으로 가장 옳은 것은?

① 우유   ② 설탕   ③ 밀가루
④ 식혜   ⑤ 밥

> ○ 식혜는 엿기름 중에 함유된 효소 β-아밀라아제에 의해 밥알의 전분이 당화되어 맥아당과 포도당의 생성량이 많아짐으로써 단맛이 증가되고 밥알은 비중이 감소되어 위로 뜬다.

15. 밀가루 계량 방법 중 맞는 것은?

① 밀가루를 사용하기 하루 전에 계량하여 둔다.
② 반드시 무게로만 계량하여야 한다.
③ 체에 친 후 계량컵에 꾹꾹 눌러서 담는다.
④ 체에 치지 않고 계량한다.
⑤ 체에 친 후 누르지 않고 계량한다.

16. 밀가루의 품질을 결정하는 요인은?

① 수분   ② 당질   ③ 단백질
④ 지질   ⑤ 회분

> ○ 밀가루의 품질은 회분과 색에 좌우한다. 제분율이 높으면 밀기울 부분이 많아 회분 함량이 증가하여 색이 좋지 않다.

17. 케이크나 쿠키를 만들 때 버터나 마가린 등의 유지를 넣으면 연화되는 성질은?

① 가소성   ② 크리밍성   ③ 쇼트닝성
④ 부착성   ⑤ 기포성

18. 식품과 그에 함유되어 있는 단백질의 연결이 옳은 것은?

① 땅콩 – 투베린(tuberin)   ② 수수 – 제인(zein)
③ 고구마– 글리시닌(glycinin)   ④ 밀가루 – 글리아딘(gliadin)
⑤ 쌀 – 호르데인(hordein)

> ○ 땅콩 – 아라킨(arachin), 또는 콘아라킨(conarachin), 감자 – 투베린, 옥수수 – 제인, 콩 – 글리시닌, 쌀 – 오리제닌

답   14.④   15.⑤   16.⑤   17.③   18.④

19. 스펀지케이크의 주된 팽창제로 옳은 것은?

① 설탕과 수분　　　② 공기와 수분　　　③ 버터와 수분
④ 이스트와 수분　　⑤ 설탕과 계란

　❍ 스폰지케이크는 난백 거품을 이용하여 공기를 투입하여 부풀리고, 난백 중의 수분이 증기로 변할 때 용적이 커진다.

20. 알코올 발효와 제빵에 이용되는 미생물은?

① *Aspergillus oryzae*　　　② *Bacillus subtilis*
③ *Candida utilis*　　　　　④ *Escherichia coli*
⑤ *Saccharomyces cerevisiae*

　❍ *Aspergillus oryzae* : 청주, 간장, 된장 제조에 사용되는 국(koji) 곰팡이의 대표적인 균종으로 황국균이라 불린다. Amylase와 protease 활성이 강하여 녹말의 당화나 대두 분해에 이용된다.

Bacillus subtilis : 고초균이라 하며 밥, 빵 등을 부패시키고 강력한 amylase, protease를 분비하므로 이들 효소 생산에 이용되며, 또한 subtilin, subtenolin, bacillomycin 등의 항생 물질을 생산하는 것도 있다. Bacillus natto는 Bacillus subtilis의 biotin 요구성 변이주이다.

Candida utilis : 종래에 Torula utilis, Torulopsis utilis로 불렸다. Xylose를 자화하므로 아황산펄프액 등에 균체를 배양하여 사료 효모로 또는 inosinic acid 등의 핵산조미료 원료로 사용

Escherichia coli : 그람음성, 호기성 또는 통성혐기성의 무포자 간균이며 주모를 가진다. Lactose를 분해하여 가스를 생성하는 균으로 사람이나 동물의 장관에 존재한다.

Saccharomyces cerevisiae : 알코올 발효력이 강한 상면발효 효모로 맥주, 포도주, 탁주 등의 주류와 빵 등의 제조에 사용된다. Glucose, maltose, galactose, sucrose는 발효하지만 lactose는 발효하지 못한다.

21. 감자의 갈변 현상에 관한 설명으로 옳은 것은?

① 구리, 철 이온에 의해 갈변이 억제된다.
② 묽은 소금물에 침지시키면 갈변이 촉진된다.
③ 타이로시네이스(tyrosinase)에 의한 갈변이다.
④ 폴리페놀 산화효소(polyphenol oxidase)에 의한 갈변이다.
⑤ 갈색의 melanoidin이 생성된다.

　❍ 감자의 갈변은 모노페놀 산화효소(타이로시네이스)에 의한 것으로 멜라닌이 생성되며 비효소적 반응인 마이얄 반응에서는 멜라노이딘이 생성된다.

22. 겨울철 고구마를 달구어진 돌에 놓으면 더 달게 되는 원인과 관련된 물질로 옳은 것은?

① 포도당　　② 과당　　③ 맥아당　　④ 설탕　　⑤ 유당

　❍ 고구마에 함유된 β-아밀라아제가 55~65℃에서 작용하여 맥아당이 생성되기 때문이다.

23. 트립신 저해제(trypsin inhibitor)를 함유한 식품으로 옳은 것은?

① 곡류　　　　　　② 육류　　　　　　③ 대두류
④ 어류　　　　　　⑤ 채소류

　❍ 대두류(콩류)에는 트립신의 활성을 저해하는 효소를 함유하고 있다.

24. 지방이 많고 당질이 적은 두류는?

① 팥　　② 강낭콩　　③ 대두　　④ 완두　　⑤ 녹두

25. 두부를 만들 때 응고되는 콩 단백질은?

① 글리시닌　　　　② 알라닌　　　　③ 글루탐산
④ 아스파라긴산　　⑤ 메티오닌

　❍ 알라닌, 글루탐산, 아스파라긴산, 메티오닌은 아미노산이다.

26. 두부 제조 시 간수 중의 성분으로 응고제로 사용되는 성분은?

① 황산나트륨　　　② 염산　　　　　③ 황산칼슘
④ 염화나트륨　　　⑤ 초산

　❍ 두부 제조 시 응고제로는 염화칼슘, 염화마그네슘, 황산칼슘이 사용된다.

27. 콩을 가열할 때 생기는 거품의 성분은?

① 솔라닌　　　　　② 셉신　　　　　③ 안티트립신
④ 사포닌　　　　　⑤ 글루칸

28. 콩을 조리할 때 연화를 촉진시키기 위해 넣는 것으로 옳은 것은?

① 0.3% 염화나트륨　　② 0.3% 설탕　　③ 0.3% 염화칼륨

④ 0.3% 중탄산나트륨　　⑤ 0.3% 염산

○ 대두를 담근 물에 0.3%의 중탄산나트륨을 첨가하여 가열하면 표피와 조직의 셀룰로오스와 헤미셀룰로오스가 연화되어 연화를 촉진시킨다.

29. 콩나물이 발아하면서 생긴 영양소는?

① 단백질　　② 지방　　③ 탄수화물

④ 섬유소　　⑤ 비타민 C

30. 콩나물을 끓일 때 뚜껑을 열면 비린내가 난다. 비린내를 촉발시키는 원인 물질은?

① 트리메틸아민　　② 피페리딘　　③ 리폭시게나제

④ 알리나제　　⑤ 베타 아밀라제

○ 콩 또는 콩나물에 함유된 불포화지방산이 리폭시게나제(lipoxygenase)에 의해 산화되어 비린내가 난다.

31. 두 가지 식품을 섞어서 음식을 만들었을 때 단백질의 상호 보족 효과가 큰 것은?

① 쌀과 젤라틴　　② 옥수수와 밀　　③ 쌀과 두류

④ 젤라틴과 옥수수　　⑤ 쌀과 옥수수

○ 단백질의 상호 보족 효과를 고려한 식사는 두부와 쌀밥, 콩밥, 팥밥, 견과류가 첨가된 채소 샐러드, 나물과 쌀밥, 옥수수와 계란을 섞은 볶음밥 등이 대표적이다.

32. 채소류의 일반적인 특징으로 옳은 것은?

① 비타민 E가 풍부하다.
② 유기산이 많이 함유된 산성 식품이다.
③ 섬유소가 많아 정장작용에 도움을 준다.
④ 녹황색 채소는 좋은 열량원이다.
⑤ 구성 성분 중 무기질이 가장 많은 비율을 차지한다.

○ 채소, 과일류는 수분이 대부분이며 무기질이 많아 알칼리성 식품이고 비타민 C가 많으며 섬유소로 인해 정장작용에 도움을 준다.

5. 식품재료학

33. 각 채소의 성분과 기능이 옳게 연결된 것은?

① 양파 – 캡사이신 – 항산화작용
② 토마토 – 리코펜 – 비타민 A 작용
③ 당근 – 티아미나아제 – 비타민 B₁ 파괴
④ 시금치 – 수산 – 칼슘 흡수 방해
⑤ 마늘 – 알리신 – 비타민 B₂와 결합

    ❂ 토마토의 리코펜은 전립샘염 예방 효과가 있고, 당근의 아스코르비나아제는 비타민 C 파괴작용을, 시금치의 수산은 칼슘 흡수 방해작용을, 마늘의 알리신은 비타민 B₁과 결합하는 성질이 있다.

34. 클로로필(chlorophyll)에 관한 설명으로 옳은 것은?

① 수용성 색소로 식물의 광합성 작용에 관여한다.
② 햇빛을 많이 받는 잎에는 클로로필(chlorophyll) b가 많다.
③ 채소류 가공 시 산을 첨가하면 퇴색을 억제할 수 있다.
④ 8개의 isoprene으로 기본 구조를 한 수용성 색소이다.
⑤ 4개의 피롤(pyrrole)환이 연결된 테트라피롤(tetrapyrrole)환 구조를 갖는다.

    ❂ 클로로필은 지용성 색소로 4개의 피롤환이 연결된 테트라피롤과 탄소 수 20개의 파이톨이 에스터 결합된 구조를 가지며 햇빛을 많이 받으면 클로로필 a가 많다.

35. 알칼리성 물로 채소를 조리할 때 일어나는 변화로 옳은 것은?

① 수용성 비타민의 보존
② 비휘발성 유기산의 희석
③ 안토시아닌계 색소가 적색으로 변색된다.
④ 안토잔틴계 색소가 황색으로 변색된다.
⑤ 클로로필의 색이 갈색으로 변색된다.

    ❂ 알칼리성 물로 조리 시 수용성 비타민의 손실을 유발하고 색소로는 클로로필 색소(녹색)이 선명해 지고 안토잔틴계 색소는 황변된다.

36. 시금치를 뚜껑을 열고 고온 단시간 데치면 선명한 녹색을 나타내는 이유는?

① 약산에 의해서 페오파이틴(pheophytin) 생성
② 강산에 의해서 페오포르비드(pheophyorbid) 생성
③ 알칼리에 의해서 클로로필라이드(chlorophyllide) 생성
④ 클로로필(chlorophyll)의 표면 노출

⑤ 철과 결합하여 철-클로로필(Fe-chlorophyll) 생성

◐ 세포 내 공기의 제거로 클로로필 색소가 표면화되기 때문이다.

37. 시금치를 데칠 때 뚜껑을 덮고 데쳤더니 시금치가 누렇게 변하였다. 그 이유는?

① 클로로필이 산에 의해 페오피틴으로 변해
② 클로로필이 산에 의해 클로로필린으로 변해
③ 클로로필이 알칼리에 의해 피톨로 변해
④ 클로로필이 구리에 의해 구리 - 클로로필로 변화
⑤ 클로로필이 클로로필라아제에 의해 클로로필라이드로 변화

◐ 녹색 채소는 초산, 젖산, 오랜 가열에 의해 페오피틴(pheophytin)이나 페오포비드(pheophorbide)가 형성되어 녹갈색으로 변한다.

38. 시금치나물에 소금, 설탕, 식초를 넣어 조미하려고 한다. 어느 순서대로 넣는 것이 맛이 있을까?

① 설탕 → 식초 → 소금
② 소금 → 설탕 → 식초
③ 식초 → 소금 → 설탕
④ 설탕 → 소금 → 식초
⑤ 소금 → 식초 → 설탕

◐ 조미료의 침투를 보면 분자량이 작은 것이 침투 속도가 빨라 소금이 설탕보다 분자량이 작아 침투 속도가 빠르므로 수분이 빠져나오면서 조직이 수축되어 분자량이 큰 설탕은 스며들기가 어렵다. 맛의 조화를 위해 조리 시 설탕을 먼저 넣은 후 소금을 넣는 것이 좋다. 다음에 식초, 간장의 순서로 넣는다. 식초, 간장은 가열하면 휘발하는 성분이 있어서 조리 시 나중에 넣는다.

39. 오이소박이 숙성 후 신맛이 더해갈수록 색상이 변하는 것은 클로로필(chlorophyll)이 무엇으로 변하기 때문인가?

① 페오파이틴(pheophytin)
② 클로로필린(chlorohyllin)
③ 철 - 클로로필(Fe - chlorophyll)
④ 클로로필라이드(chlorophyllide)
⑤ 구리 - 클로로필(Cu - chlorophyll)

◐ 클로로필에 존재하고 있는 마그네슘이 산에 의해 수소로 치환되어 녹갈색의 페오파이틴으로 변한다.

40. 돼지감자에 함유되어 있는 이눌린(inulin)의 구성단위로 옳은 것은?

① glucoose　　　　② fructose　　　　③ mannose
④ galactose　　　　⑤ xylose

　⊙ inulin은 β-D-fructofuranose가 β-1,2 결합으로 연결된 중합체이다.

41. 군고구마는 생고구마보다 단맛이 더 강하다. 이와 가장 관련이 있는 것은?

① 만노오즈　　　　② 설탕　　　　③ 포도당
④ 맥아당　　　　　⑤ 과당

　⊙ 군고구마는 당화 효소에 의해 전분이 맥아당으로 변하여 생고구마보다 달다.

42. 식품에서 매운맛을 나타내는 성분의 연결이 옳은 것은?

① 커쿠민(curcumin) - 계피　　　② 차비신(chavicin) - 부추
③ 진저올(gingerol) - 울금　　　④ 캡사이신(capsaicin) - 고추
⑤ 시니그린(sinigrin) - 후추

　⊙ 차비신 - 후추, 진저올 - 생강, 시날빈 - 백겨자, 겨자 - 시니그린, 계피 - 시나믹 알데히드

43. 양파를 가열 조리하면 매운맛과 자극성이 없어지고 단맛이 나는 물질은?

① 시부올(shibuol)　　　　② 카테킨(catechin)
③ 폴리페놀(polyphenol)　　④ 갈락토스(galactose)
⑤ 프로필 머캅탄(propyl mercaptane)

　⊙ 겨자, 무, 양파, 고추냉이 등에 함유된 유황화합물은 가열 조리하면 단맛의 머캅탄(mercaptane)으로 변한다.

44. 식초에 절인 생강이 빨갛게 되는 이유로 옳은 것은?

① 생강의 진저롤 때문에
② 생강의 쇼가올 때문에
③ 생강의 안토시아닌 색소 때문에
④ 생강의 플라보노이드 색소 때문에
⑤ 생강의 탄닌 때문에

　⊙ 생강의 anthocyanin은 산의 조건(식초)에서 적색으로 변한다.

답 40.②　41.④　42.④　43.⑤　44.③

45. 김치의 숙성에 관여하는 미생물은?

① *Acetobacter aceti*　　　　② *Bacillus subtilis*

③ *Lactobacillus casei*　　　④ *Leuconostoc mesenteroides*

⑤ *Propionibacterium shermanii*

　◐ 김치는 담근 직후에는 속 등의 호기성균들이 가장 많으나, 일정한 시간이 지나면 속의 젖산균들이 신속히 증식하여 최우점 미생물이 된다. 대표적인 균이 Leuconostoc mesenteroides 다.

46. 붉은빛 및 보랏빛을 나타내며, 물에 우러나는 채소나 과일의 색소는?

① 잔토필(xanthophyll)　　　② 카로틴(carotene)

③ 안토시아닌(anthocyanin)　④ 라이코펜(lycopene)

⑤ 클로로필(chlorophyll)

　◐ 잔토필, 카로틴, 라이코펜, 클로로필은 지용성 색소이다.

47. 다음 과일과 연육 효소가 바르게 짝지어진 것은?

① 파파야 – 피신　　　　　　② 무화과 – 파파인

③ 파인애플 – 브로멜린　　　④ 배 – 액티니딘

⑤ 키위 – 아스코르비나아제

　◐ 파파야 – 파파인,　무화과 – 피신,　키위 – 액티니딘

48. 과일이 숙성될 때 일어나는 현상은?

① 수용성 펙틴이 불용성 펙틴으로 변한다.

② 유기산이 증가하여 신맛이 증가한다.

③ 전분이 당으로 변하여 단맛이 증가한다.

④ 탄닌이 수용성으로 되어 떫은맛이 줄어든다.

⑤ 미생물의 작용을 받기 어렵다.

　◐ 과일이 숙성될 때 불용성 펙틴이 수용성 펙틴으로 변하며, 유기산이 감소하여 신맛이 줄어든다. 떫은맛을 나타내는 것은 수용성 탄닌으로 숙성하면 불용성이 되어 떫은맛이 줄어든다.

---

49. 육류의 단백질로 옳은 것은?

① 튜베린 ② 오리제닌 ③ 엘라스틴
④ 글리아딘 ⑤ 미오신

50. 육류의 숙성 중 일어나는 변화는?

① 액틴과 미오신이 액토미오신으로 된다.
② glycogen이 젖산으로 되어 pH가 낮아진다.
③ 근육 중의 ADP와 인산이 ATP로 된다.
④ 유리 아미노산이 모여 근단백질이 된다.
⑤ 젖산이 glycogen으로 합성되어 pH가 증가된다.

사후경직 후 액토미오신이 생성되고, 글리코겐이 젖산으로 되어 pH가 낮아지며 보수성이 최소가 된다.

51. 육류 숙성 시에 일어나는 현상으로 옳은 것은?

① IMP → ADP ② Actomyosin 생성 ③ 보수성 감소
④ 선홍색 → 적자색 ⑤ 아미노산, peptide의 생성

육류 숙성 시의 변화 : ADP → AMP → IMP, actomyosin의 분해로 아미노산, 펩티드 등 수용성 질소화합물 생성, 보수성 증가, 적자색 → 선홍색

52. 근육을 형성하는 주된 단백질은?

① elastin ② myosin ③ myoglobin
④ collagen ⑤ heme

근육단백질은 albumin계의 myogen과 globulin에 속하는 myosin이 있다.

53. 육류 숙성 시에 일어나는 현상으로 옳은 것은?

① 보수성이 감소한다.
② 젖산 생성이 계속되어 pH가 계속 낮아진다.
③ 액토마이오신(actomyosin)을 형성한다.
④ ATP가 형성되어 맛이 좋아진다.
⑤ 근육 내 효소에 의해 단백질이 분해된다.

육류의 숙성 시 보수성이 증가하고 액토미오신이 분리하여 육질이 연해지며 사후강직 후 낮아진 pH는 숙성 중에 더 낮아지지 않는다. 또한, IMP가 형성되어 감칠맛이 증가한다.

답 49.⑤ 50.② 51.⑤ 52.② 53.⑤

54. 사후경직 시 일어나는 현상으로 옳은 것은?

① ADP와 인산이 결합하여 ATP가 된다.
② 글리코겐은 젖산으로 된다.
③ 액토미오신은 액틴과 미오신으로 분해된다.
④ 약알칼리성에서 약산성으로 변한다.
⑤ 단백질 분해효소가 활발히 분비된다.

▶ 고기가 숙성하면 ATP로부터 ADP + 인산이 되고 ATP와 결합되었던 미오신이 액틴과 결합하여 액토미 오신을 형성하게 되어 질겨진다.

55. 닭요리에서 닭 뼈가 붉은색으로 변하였다면 이유는?

① 상한 닭이다.　　　② 병든 닭이다.　　　③ 어린 닭이다.
④ 냉동 닭이다.　　　⑤ 늙은 닭이다.

56. 결핍 시 펠라그라를 초래하는 비타민이 풍부한 급원 식품은?

① 감자　　　② 현미　　　③ 닭고기　　　④ 옥수수　　　⑤ 바나나

▶ 니아신의 영양밀도가 높은 식품을 버섯, 참치, 닭고기, 칠면조, 아스파라거스, 땅콩, 밀기울 등이 있다. 옥 수수에 들어 있는 니아신은 단백질과 결합되어 있어 흡수율이 낮으며 생체 이용률이 낮다. 우유, 달걀 등의 동물성 단백질은 니아신을 거의 함유하지 않으나 트립토판을 다량 함유하고 있어 간접적으로 니아신을 제공 할 수 있다.

57. 마이오글로빈(myoglobin)에 관한 설명으로 옳은 것은?

① 육류의 혈액 색소이다.　　　② 육류의 단순단백질이다.
③ 헴(heme) 화합물이다.　　　④ 마그네슘이 결합되어 있다.
⑤ 육류의 복합다당류이다.

▶ 마이오글로빈(myoglobin)은 heme 화합물로 육류의 근육 색소이다.

58. 쇠고기를 공기 중에 잠깐 방치하였을 때 나타나는 고기의 선명한 적색을 나타내는 육색소는?

① 헤모글로빈　　　② 미오글로빈　　　③ 옥시헤모글로빈
④ 옥시미오글로빈　　　⑤ 메트헤모글로빈

▶ 육류에 함유된 미오글로빈은 공기 중의 산소와 결합되어 선명한 적색의 옥시미오글로빈이 되며 지속적으 로 산화되면 갈색의 메트미오글로빈이 된다.

답 54.② 55.④ 56.③ 57.③ 58.④

59. 육류의 색에 관한 설명 중 옳은 것은?

① 쇠고기는 돼지고기보다 마이오글로빈 함량이 적다.
② 동물의 나이가 많을수록 마이오글로빈 함량이 적다.
③ 숙성에 의하여 선홍색을 띠는 색소는 마이오글로빈이다.
④ 동물의 운동량이 많을수록 마이오글로빈 함량이 적다.
⑤ 가열하면 헴(heme) 색소가 헤마틴(hematin)으로 산화되어 갈색을 나타낸다.

   ◐ 2가의 철(Fe^{+2})이 가열 산화되어 3가의 철(Fe^{+3})을 갖는 것을 헤마틴(hematin) 또는 ferriprotoporphyrin이라 한다.

60. 티아민이 풍부한 식품만으로 이루어진 것은?

① 콩나물, 감자, 쌀밥
② 돼지고기, 두류, 전곡
③ 우유, 푸른잎 채소, 땅콩
④ 미역, 닭고기, 요구르트
⑤ 밀배아, 통밀빵, 배추김치

   ◐ 티아민은 돼지고기, 내장, 전곡, 두류에 풍부하다.

61. 우유에 관한 설명으로 옳은 것은?

① 유지방은 검화가가 낮고 요오드가는 높다.
② 면역 글로불린은 초유에 다량 함유되어 있다.
③ 탈지유에서 당질이 제거된 부분을 유청이라 한다.
④ 우유 단백질의 80%를 차지하는 락토알부민이다.
⑤ 유청단백질은 렌닌(rennin)에 의해 응고된다.

   ◐ 유지방은 검화가가 높고 요오드가는 낮으며 탈지유에서 카제인이 제거된 것을 유청이라 한다. 또한, 우유 단백질의 80%는 카제인이며 렌닌에 의해 응고된다.

62. 우유 단백질을 응고시키는 조건으로 옳은 것은?

① 프로테아제 첨가
② 유산균 첨가
③ 알칼리 첨가
④ 락타아제 첨가
⑤ 아밀라아제 첨가

   ◐ 우유 단백질을 응고시킬 수 있는 물질로는 렌닌, 유산균, 산, 염류 등이 있다.

63. 우유에 함유된 인단백질로 pH 4.6~4.7에서 응고하는 것은?

① lacto globulin ② casein ③ gliadin
④ myosin ⑤ ovalbumin

> ● casein의 등전점은 4.6~4.7, 우유 globulin은 4.5~5.5, gliadin은 6.2~6.9, ovalbumin은 4.8~4.9, myosin은 6.2~6.6이다.

64. 우유를 가열할 때 표면에 생기는 피막 물질은?

① 카제인 ② 유당 ③ 유산균
④ 유청 단백질 ⑤ 루테인

> ● 우유 가열 시 생성되는 피막은 우유의 유청 단백질인 락트알부민 및 락토글로불린과 염, 지방구가 서로 혼합, 응고한 것이다.

65. 분유를 냉수에 타면 잘 녹지 않는 이유는?

① 유지방이 많아서 ② 카제인이 냉수에 녹지 않아서
③ 유당의 용해도가 낮아서 ④ 건조가 너무 많이 돼서
⑤ 유청이 제거되지 않아서

> ● 유당(lactose)은 흡습성이 커 분유를 습한 곳에 두면 덩어리로 변한다.

66. 우유의 성질에 대한 설명으로 옳은 것은?

① 카제인은 산에 안정하다
② 우유의 비중은 보통 0.5이다.
③ 치즈는 우유가 가열에 의해 응고되는 성질을 이용하여 만든 것이다.
④ 우유의 지방을 모아 만든 것이 버터이다.
⑤ 레닌에 의해 카제인은 부드러운 액체를 만든다.

> ● 우유의 카제인은 산과 레닌에 의해 응고되고 이것이 치즈이다. 가열 시 응고되는 것은 유청 단백질로 피막을 형성하게 된다.

67. 우유에 과당을 넣어 가열할 때 일어나는 갈변의 주된 원인은?

① 마이야르 반응 ② 당의 분해 반응 ③ 캐러멜화 반응
④ 티로신의 갈변 반응 ⑤ 아스코르브산의 산화작용

68. 난황의 계수에 대한 설명으로 맞는 것은?

① 난백의 높이 / 난황의 평균 지름
② 난황의 높이 / 난황의 평균 지름
③ 난황의 높이 / 난백의 평균 지름
④ 난황계수 0.25 이하가 신선한 달걀이다.
⑤ 10% 소금물에 넣어 판정한다.

   ● 난황계수를 측정하여 달걀의 품질을 판정한다(난황계수법).

69. 달걀의 성분에 관한 설명으로 옳은 것은?

① 난백은 인을 함유한 vitellin이다.
② 난백에는 수분과 지질이 많다.
③ 난황보다 난백에 인지질이 풍부하다.
④ 난황의 황색은 안소잔틴계(anthoxanthin) 색소다.
⑤ 정상적인 달걀은 40~70g으로 난백이 60%이다.

   ● 난황의 황색은 카로티노이드(carotenoid) 색소이며 인지질인 lecithin 함량이 높다.

70. 난백의 기포성과 관계가 높은 특성은?

① 동결점   ② 융점   ③ 열응고성
④ 등전점   ⑤ 유화성

   ● 단백질은 등전점에서 용해도가 최소화되며 기포성이 증가한다.

71. 체내에서 비타민 D의 전구체, 스테로이드 호르몬 합성, 담즙산을 생성하는 물질이 풍부한
식품은?

① 달걀   ② 당근   ③ 우유   ④ 버섯   ⑤ 대두유

   ● 콜레스테롤은 에스트로젠, 테스토스테론, 알도스테론, 글루코코티코이드 같은 스테로이드계 호르몬의 전
구물질이며, 7- 디하이드로 콜레스테롤은 자외선에 의해 비타민 D로 전환된다. 또한, 담즙을 생성하여 유화
제로서 지질의 소화와 흡수를 돕는다. 콜레스테롤은 달걀, 육류 등 동물성 식품에 풍부하다.

답 68.② 69.⑤ 70.④ 71.①

72. 다음 중 유화력이 가장 좋은 것은?

① 난백 단백질　　　　② 대두 인지질　　　　③ 우족 젤라틴
④ 난황 레시틴　　　　⑤ 난백의 인지질

   ○ 난황 중의 레시틴은 분자 내에 친수기와 소수기를 동시에 가지고 있어 유화제 작용이 뛰어나다.

73. 다음의 식품과 유화의 형태가 옳게 연결된 것은?

① 아이스크림 – 수중유적형　　　② 우유 – 유중유적형
③ 마요네즈 – 유중수적형　　　　④ 버터 – 수중유적형
⑤ 마아가린 – 수중유적형

   ○ 유중수적형 – 버터, 마아가린　　　수중유적형 – 우유, 아이스크림, 마요네즈

74. 달걀을 삶았는데 달걀노른자 주위가 녹변이 되었다. 녹변에 대한 설명으로 옳은 것은?

① 신선한 달걀의 글로불린이 변성된 것이다.
② 난황의 Fe과 난백의 S이 반응하여 황화 제1철이 되었다.
③ 난백의 S과 난백의 Fe이 반응하여 황화 제1철이 되었다.
④ 난황의 단백질과 난백의 리소자임이 모여 프로토리소자임이 되었다.
⑤ 달걀을 삶은 후 끓는 물에 5분 정도 두면 방지된다.

   ○ 난황의 철분과 난백의 황이 반응하여 녹색의 황화 제1철이 생성된다.

75. 난류(卵類)에 대한 설명 중 옳은 것은?

① 난백에는 유화제로 작용하는 레시틴이 존재한다.
② 식품 중 단백가, 생물가가 낮으므로 영양가가 가장 높다.
③ 탄수화물은 글라이코겐(glycogen)의 형태로 존재한다.
④ 난백에는 Mg이 많고, 난황에는 P가 많이 함유되어 있다.
⑤ 달걀에는 알지닌(arginine), 라이신(lysine)의 함량이 높다

   ○ 난류의 탄수화물은 주로 포도당이며 난류는 단백가, 생물가가 높고, 난백에 S, P가 많다.

---

76. 달걀흰자에서 용균작용을 하는 물질은?

① 아비딘　　　　　② 황　　　　　　③ 비오틴
④ 리소자임　　　　⑤ 콘알부민

　🔵 리소자임(lysozyme)은 세균 세포벽 성분인 n-아세틸무람산(n-acetyl muramic acid)과 n-아세틸글루코사민(n-acetyl glucosamine) 사이의 β-1,4 glycoside 결합을 분해하는 효소이다.

77. 엔젤케이크나 머랭은 달걀의 어떤 성질을 이용한 것인가?

① 난황의 유화성　　　　　② 난황의 결합성
③ 난황의 응고성　　　　　④ 난백의 기포성
⑤ 난백의 청정성

78. 다음 설탕의 조리성에 대한 설명 중에서 옳은 것은?

① 발효를 저해한다.　　　　② 갈색화를 저해한다.
③ 난백의 거품을 안정화시킨다.　　④ 펙틴 젤리의 형성을 방해한다.
⑤ 식품의 보존성을 감소시킨다.

　🔵 설탕을 난백에 첨가하면 기포 발생력이 감소하나 안정성은 증가되어 안정된 기포가 형성된다.

79. 생선 육질이 쇠고기나 돼지고기 육질보다 연한 이유로 옳은 것은?

① 수분 함량이 적기 때문
② 포화지방산 함량이 적기 때문
③ 콜라겐(collagen) 함량이 적기 때문
④ 마이오신(myosin) 함량이 적기 때문
⑤ ATP가 많이 생성되기 때문

　🔵 콜라겐(collagen) 함량은 육질의 강도와 관계가 깊다. 생선에는 콜라겐과 엘라스틴 함량이 수조육류보다 적다.

80. 새우나 게 등을 가열하면 생기는 빨간 색소는?

① flavonoid　　　② anthocyanin　　　③ astaxanthin
④ astacin　　　　⑤ taurine

　🔵 astaxanthin에 결합하고 있는 단백질이 변성, 분리되고 astaxanthin이 계속 가열 산화되어 홍색의 astacin으로 된다.

답 76.④　77.④　78.③　79.③　80.④

81. 새우, 게, 바닷가재 등을 삶으면 붉은색으로 변하는 이유는?

① 아스타잔틴(astaxanthin)이 아스타신(astacin)으로 변하기 때문
② 안토시아닌(anthocyanin)이 pH에 따라 색이 적색으로 되기 때문
③ 클로로필(chlorophyll)이 페오파이틴(pheophytin)을 형성하기 때문
④ 헤모글로빈(hemoglobin)이 옥시마이오글로빈(oxymyoglobin)으로 변하기 때문
⑤ 마이오글로빈(myoglobin)이 메트마이오글로빈(metmyoglobin)으로 변하기 때문

○ 단백질과 결합하여 청색, 남색을 나타내는 아스타잔신은 가열하면 단백질이 변성, 분리되어 홍색의 아스타신으로 변한다.

82. 해수어의 주된 비린내 성분은?

① piperidine　　　　② acrolein　　　　③ trimethylamine
④ trimethylamine oxide　　⑤ 암모니아

○ TMAO가 TMA로 환원되어 비린내가 난다.

83. 어묵의 제조 원리로 옳은 것은?

① 미오신의 열 변성　　　　② 생선 단백질의 농축
③ 단백질의 염류에 의한 응고　　④ 젤라틴의 첨가에 의한 겔화
⑤ 결체 조직의 연화

○ 단백질은 양성 화합물로서 양이온이나 음이온을 가한 물질(염류)과 함께 가열하면 불용성의 염을 생성한다.

84. 다음 식품 재료 중 산 생성 식품(acid-forming foods)인 것은?

① 미역　　　② 감귤　　　③ 어류　　　④ 양파　　　⑤ 사과

○ 과실류, 채소류, 해조류는 알칼리성 식품이며 곡류, 육류, 어류, 버터, 술 등은 산성 식품이다.

85. 해조류에 관한 설명으로 옳은 것은?

① 열량이 높지 않은 산성 식품이다.
② 대부분 해조류는 다당류 펙틴을 함유하고 있다.
③ 한천은 녹조류에서 추출되는 다당류이다.
④ 알긴산은 홍조류에서 추출되는 다당류이다.
⑤ 카라기난(carageenan), 알긴산(alginic acid)은 점조성이 크다.

○ 해조류는 열량이 높지 않은 알칼리성 식품이고 정장작용을 한다. 한천은 홍조류에 알긴산은 갈조류에 존재하는 다당류이다.

86. 다음 중 해조류에 들어 있는 다당류는?

① 글라이코겐(glycogen) ② 아가로오스(agarose)
③ 아라비아검(arabia gum) ④ 펙틴(pectin)
⑤ 이눌린(inulin)

➡ 한천에는 아가로오스와 아가로펙틴 두 가지 형태의 다당류가 존재한다.

87. 미역에 많이 함유되어 있는 끈적끈적한 성분의 다당류는?

① 피코시안 ② 클로렐라 ③ 메틸설파이드
④ 아가로즈 ⑤ 알긴산

➡ 피코시안(피코시아닌)은 김에 함유된 청색 색소이며 미역에는 점성을 갖는 알긴산(alginic acid)이 들어 있다.

88. 김의 붉은 색소는?

① 피코에리틴 ② 메틸설피드 ③ 알긴산
④ 라미닌 ⑤ 아가로즈

➡ 김에는 홍색의 피코에리틴(phycoerythin)과 청색의 피코시아닌(phycocyanin)이 있다.

89. 식품에 함유된 특수 성분과 식품과의 연결이 옳은 것은?

① 고시폴(gossypol) – 면실유 ② 솔라닌(solanin) – 고사리
③ 베네루핀(venerupin) – 복어 ④ 무스카린(muscarin) – 황변미
⑤ 테트로도톡신(tetrodotoxin) – 모시조개

➡ 솔라닌-감자, 베네루핀-모시조개, 테트로도톡신-복어, 무스카린-독버섯

90. 튀김 기름의 발연점이 낮아지는 요인으로 옳은 것은?

① 유리지방산이 적을 때
② 기름에 이물질이 많을 때
③ 점도가 낮은 기름을 사용했을 때
④ 기름의 사용 횟수는 관련이 없다.
⑤ 튀김 용기의 표면적이 좁을 때

➡ 기름의 이물질이 많을수록 발연점이 떨어지고 튀김 용기의 표면적이 좁으면 발연점이 쉽게 떨어지지 않는다.

91. 발연점이 가장 높은 유지는?

① 버터   ② 라드   ③ 올리브유

④ 면실유   ⑤ 옥수수기름

  ◐ 정제 옥수수유는 리놀레산 함량이 많고 발연점이 약 230℃로 높다.

92. 식용유지 중 식물성 유지의 성질에 관한 설명으로 옳은 것은?

① 발연점에 따라 불건성유, 반건성유, 건성유로 나눈다.
② 샐러드유가 잘 얼지 않는 것은 쇼트닝 성질 때문이다.
③ 우유에서 분리된 지방을 교반해서 만든 버터도 식물성 유지이다.
④ 식물성 유지는 불포화도가 낮은 유지이다.
⑤ 융점이 낮아 상온에서 액체로 존재하기 쉽다.

  ◐ 유지의 불포화도에 따라 불건성유, 반건성유, 건성류로 나누며, 샐러드유가 잘 얼지 않는 것은 동유 처리에 의한 것이다. 식물성 유지는 불포화도와 이중결합수와 상관성이 높다.

93. 유지의 불포화도를 측정하는 방법으로 옳은 것은?

① 요오드가   ② 폴렌스케가   ③ 아세틸가

④ 검화가   ⑤ 육취화물가

  ◐ ① 폴렌스케(Polenske)가는 휘발성이고 비수용성 지방산 측정에 이용되어 버터 중의 야자유 검지에 이용 ② 아세틸가는 유지 중 함유된 −OH기의 양을 측정하는 데 이용 ③ 검화가는 유지 1g을 비누화하는데 필요한 KOH의 mg 수 ④ 육취화물(hexabromide)은 유지 중의 리놀레산 양에 비례하여 대두유의 감정, 순도 결정에 이용

94. 유지를 고온으로 장시간 가열할 때 일어나는 화학적 변화로 옳은 것은?

① 유리지방산 감소   ② 점도 감소   ③ 산가 증가

④ 요오드가 증가   ⑤ 검화가 증가

  ◐ 유지를 가열하면 점도 증가, 착색, 유리지방산 생성으로 산가 증가, 소화흡수율 감소, 불포화지방산의 이중결합 부분에서 중합 현상이 일어나 평균분자량의 증가로 검화가 감소, 이중결합의 감소로 요오드가가 감소한다.

95. 유지의 산화에 영향을 주는 인자에 관한 설명으로 옳은 것은?

① 자외선은 유지의 산화를 억제한다.
② 수분은 유지의 산화와 관련이 없다.
③ 헴(heme) 화합물은 산화를 촉진한다.
④ 금속이온은 유지의 산화를 억제한다.
⑤ 요오드(iodine)가가 낮을수록 산화가 용이하다.

⊙ 자외선, 헴 화합물, 금속이온 등은 유지 분자 라디칼을 생성하여 산패를 촉진하며, 이중결합이 많을수록, 즉 요오드가가 클수록 산화가 잘 일어난다. 또한, Aw 0.3~0.4 부근에서는 산패가 억제되나 A 또는 C 영역에서는 산패가 촉진된다.

96. 항산화제에서 상승작용에 대한 설명으로 옳은 것은?

① 항산화제와 병행하여 사용하면 효과가 크게 감소된다.
② 항산화제를 도와서 항산화력에 부가 효과를 주는 것이다.
③ 상승작용의 기전은 항산화제에 활성산소를 주는 것이다.
④ 상승제로는 uric acid, thiobarbituric acid 등이 있다.
⑤ 상승제의 작용은 거의 영구적이다.

⊙ 상승제(synergist)는 ① 자신은 항산화력을 갖고 있지 않으나 항산화제와 병행 사용할 경우 항산화력을 증가시키고 ② ascorbic acid, citric acid, phytic acid, tartaric acid, phosphoric acid가 해당되며 ③ 수소 제공에 의한 항산화제의 기능 복원 및 금속 차단작용을 하다가 기능을 다하면 반응에서 유리하다.

97. 튀김 기름 조건으로 옳은 것은?

① 발열 온도가 200℃ 이상 높은 것이 좋다.
② 건성유인 대두유나 면실유가 좋다.
③ 산가는 낮고, 과산화물가는 높은 것이 좋다.
④ 인지질, 단백질 함량이 많은 것이 좋다.
⑤ 인화점이 낮은 것이 좋다.

⊙ 튀김용 기름은 발연점, 인화점, 연소점이 높은 것이 좋으며, 불순물이 들어 있지 않아야 한다.

98. 다음 항산화 성분과 함유 식품의 짝이 옳은 것은?

① 면실유 – 진저롤   ② 참기름 – 세사몰   ③ 난황 – 토코페롤
④ 들기름 – 고시폴   ⑤ 콩 – 몰식자산

⊙ 곡류, 두류는 토코레롤, 참기름은 세사몰, 면실유는 고시폴이 있다.

답 95.③ 96.② 97.① 98.②

99. 유지의 자동 산화(autoxidation)가 가장 쉽게 일어날 수 있는 지방산은?

① caprylic acid   ② linolenic acid
③ oleic acid   ④ palmitic acid
⑤ stearic acid

  ◉ 유지의 자동 산화는 구성지방산의 불포화도가 높을수록 잘 일어난다.

100. 다음의 기능을 수행하는 비타민이 풍부한 식품은?

• 항산화작용 • 적혈구막 보호 • 세포막 지방산 과산화 억제

① 간   ② 버터   ③ 대두유   ④ 쇠고기   ⑤ 오렌지주스

  ◉ 비타민 E는 황산화제로 작용하여 유리라디칼에 의한 산화적 파괴로부터 세포를 보호하는데 특히 중요하다.

101. 다음 중 유지의 산패에 대해 항산화 기능이 있는 천연 물질은?

① 토코페롤   ② 아스코르빈산   ③ 구연산
④ BHA   ⑤ BHT

  ◉ BHA(butylated hydroxyl anisole)와 BHT(butylated hydroxyl toluene)는 인공 항산화제이며, 아스코르빈산과 구연산은 항산화 기능을 도와주는 상승제이다.

102. 식용유지의 산가는 어느 정도가 좋은가?

① 3.0 이하   ② 2.5 이하   ③ 2.0 이하
④ 1.5 이하   ⑤ 1.0 이하

103. 동식물성 유지식품에 가장 널리 함유된 지방산으로 짝지어진 것은?

① 리놀레산(linoleic acid) – 리놀렌산(linolenic acid) – 올레산(oleic acid)
② 올레산(oleic acid) – 라우린산(lauric acid) – 팔미트산(palmitic acid)
③ 리놀레산(linoleic acid) – 올레산(oleic acid) – 스테아린산(stearic acid)
④ 리놀레산(linoleic acid) – 올레산(oleic acid) – 팔미트산(palmitic acid)
⑤ 리놀레산(linoleic acid) – 미리스틴산(myrisstic acid) – 스테아린산(stearic acid)

  ◉ 올레산, 리놀레산은 동식물 유지에 스테아린산은 주로 동물성 유지에 존재한다.

104. 융점에 대한 내용 중 옳은 것은?

① 포화지방산은 불포화지방산보다 융점이 낮다.
② 융점이 높을수록 소화가 잘 된다.
③ 천연유지는 구성 지방산의 종류에 따라 융점이 달라진다.
④ 불포화지방산의 이중결합수가 증가할수록 융점이 높아진다.
⑤ 융점이 높을수록 요오드가가 높다.

105. 유지의 가공처리 방법 중 냉장보관 시 혼탁을 일으키지 않게 하는 방법은?

① 경화 처리　　　　② 동유 처리　　　　③ 탈색 처리
④ 탈취 처리　　　　⑤ 경화 처리

➲ 동유 처리(winterization)는 액체유를 냉각시켜 고체화된 지방을 여과 처리하는 방법으로 이렇게 처리하게 되면 냉장 온도에서도 혼탁을 일으키지 않는다. 마요네즈 처리 시 꼭 동유 처리된 기름을 사용한다.

106. 마요네즈 제조에 사용되는 주요 성분과 원리는?

① 오보 글로블린 - 팽창제　　　　② 콘알부민 - 청정제
③ 레시틴 - 유화제　　　　　　　④ 카제인 - 응고제
⑤ 제인 - 연화작용

107. 버터케이크를 만들 때 버터와 설탕을 혼합하여 잘 저어주는 과정에 적용되는 조리 원리는?

① 크리밍성　　　　② 유화성　　　　③ 기포성
④ 쇼트닝성　　　　⑤ 용해성

108. 핵산계 조리료인 GMP(guanosine-5'-monophosphate)가 다량 함유되어 있는 식품은?

① 김　　　　　　② 된장　　　　　③ 다시마
④ 멸치　　　　　⑤ 말린 버섯

➲ 다시마의 감칠맛은 MSG(monosodium glutamate)이며 멸치의 감칠맛은 5'-IMP(inosine-5'-monophosphate)이다.

답 104.③　105.②　106.③　107.①　108.⑤

109. 곰팡이, 효모 그리고 세균을 이용하여 만든 발효식품은?

① 간장   ② 김치   ③ 맥주   ④ 요구르트   ⑤ 포도주

> ○ 간장 : *Aspergillus oryzae*, *Zygosaccharomyces rouxii*, *Pediococcus halophilus*
> 김치 : *Leuconostoc mesenteroides*, *Lactobacillus plantarum*, *Lactobacillus brevis*
> 맥주 : *Saccharomyces cerevisiae*, *Saccharomyces carlsbergensis*
> 요구르트 : *Lactobacillus bulgaricus*, *Streptococcus thermophilus*
> 포도주 : *Saccharomyces ellipsoideus*

110. 설탕(sucrose)을 감미의 표준물질로 삼은 가장 큰 이유는?

① 용해도가 크기 때문에
② 단맛이 가장 강하기 때문에
③ 단맛의 변화가 없기 때문에
④ 설탕에 대한 기호도가 높기 때문에
⑤ 가장 쉽게 구할 수 있는 당류이기 때문에

> ○ 설탕은 α, β-이성체가 없으며 온도 변화에 의한 감미의 변화가 적다.

111. 페닐케톤뇨증 환자가 주의해야 할 감미료는?

① 스테비오사이드   ② 아스파탐   ③ 물엿
④ 솔비톨   ⑤ 사카린

> ○ 페닐케톤뇨증 환자는 페닐알라닌의 섭취를 조절해야 하는데 아스파탐은 페닐알라닌과 아스파트산이 결합한 아미노산계 인공 감미료이다.

112. 식품과 맛 성분의 관계가 옳은 것은?

① 커피의 쓴맛 – 사포닌(saponin)
② 감귤류의 쓴맛 – 캅사이신(capsaicin)
③ 고추의 매운맛 – 진저롤(gingerol)
④ 겨자의 매운맛 – 시니그린(sinigrin)
⑤ 계피의 매운맛 – 진저론(zingerone)

> ○ 커피의 쓴맛-caffein, 감귤류의 쓴맛-naringin, 고추의 매운맛-capsaicin, 계피의 매운맛-cynnamic aldehyde

113. 다음 설명 중 맛난 맛을 내는 설명으로 옳은 것은?

① 쇠고기는 아스파탐에 의해 맛난 맛이 난다.
② 조개류는 이노신산에 의해 맛난 맛이 난다.
③ 다시마는 만니톨에 의해 맛난 맛이 난다.
④ 된장은 글루탐산에 의해 맛난 맛이 난다.
⑤ 마른 표고버섯은 타우린에 의해 맛이 난다.

114. 다음 식품과 중요 맛 성분이 옳은 것은?

① 오이의 쓴맛 : 리모닌
② 양파 껍질의 쓴맛 : 호모젠티스산
③ 마늘의 매운맛 : 알리신
④ 죽순의 아린 맛 : 쿼르세틴
⑤ 호프의 쓴맛 : 테오브로민

◐ 오이의 쓴맛 - 쿠쿠르비타신, 양파 껍질의 쓴맛 - 케르세틴, 죽순의 아린 맛 - 호모젠티스산, 호프의 쓴맛 - 휴물론, 루플론, 코코아의 쓴맛 - 테오브로민

115. 수분활성도에 관한 설명으로 옳은 것은?

① 용질의 종류와 함량에 따라 달라진다.
② %로 나타낸다.
③ 결합수의 함량까지 고려한다.
④ 자유수의 함량으로만 구해진다.
⑤ 용질의 함량으로만 구해진다.

◐ 수분활성도는 단위가 없고 식품에 함유된 수분함량과 용질의 종류 및 함량에 따라 달라진다.

116. 식품 계량에 대한 설명으로 틀린 것은

① 흑설탕은 꾹꾹 눌러 담아 계량한다.
② 우유 등 액체는 메니스커스의 아랫부분을 읽는다.
③ 마가린은 실온으로 녹여 눌러 담아 계량한다.
④ 밀가루는 계량컵에 눌러 담아 계량한다.
⑤ 백설탕은 덩어리진 것을 부수어서 계량컵에 수북이 담아 표면을 스패츌러로 깎는다.

◐ 밀가루 계량은 눌러 담아서 계량하면 안 된다.

117. 단맛의 기준 물질은?

① 10% 포도당   ② 10% 과당   ③ 10% 설탕

④ 10% 맥아당   ⑤ 10% 유당

   ➲ 설탕은 α, β-이성체가 없으며 온도의 변화에 의한 감미의 변화가 적다.

118. 맛 성분에 대한 설명으로 옳은 것은?

① 식품의 신맛은 주로 무기산이다.

② 온도가 높을수록 쓴맛을 강하게 느낀다.

③ 당은 이성체에 따라 단맛의 세기가 달라진다.

④ 맛을 느끼는 물질의 최고 농도를 미각의 역치(역가)라 한다.

⑤ 짠맛은 양이온 때문이며, 음이온은 부가적인 맛을 나타낸다.

   ➲ ① 식품의 신맛 – 유기산 ② 쓴맛, 짠맛은 온도가 높아질수록 역치가 커짐 ③ 당 – α, β 이성질체에 따라 단맛의 세기가 달라짐. ④ 역치 – 맛을 느끼는 물질의 최소 농도 ⑤ 짠맛 – Cl⁻, Br⁻, I⁻ 등의 음이온 때문

119. 요오드값은 유지의 어떤 특성을 표시하는 기준인가?

① 산패도   ② 경화도   ③ 불포화도

④ 불용성 지방산량   ⑤ 수용성 지방산량

   ➲ 요오드값은 불포화도와 함께 이중결합의 개수를 알 수 있는 척도이다.

120. 단백질의 질소계수에 관한 것으로 옳은 것은?

① 산성 아미노산 함량을 구하는 데 사용된다.

② 모든 식품의 질소계수는 정확히 6.25로 동일하다.

③ 킬달(kjeldahl)법은 탄소 함량을 구한 후 질소계수를 곱하여 계산한다.

④ 곡류의 질소계수는 동물성 식품보다 일반적으로 작다.

⑤ 수용성 단백질에만 적용된다.

   ➲ kjeldahl법은 질소 함량을 구한 후 질소계수 6.25(100/16)를 곱해 총 조단백질 양을 측정하는 방법으로 쌀(5.95), 콩(5.71) 등의 식물성 식품보다 우유(6.33) 등 동물성 식품의 질소계수가 높고 일반적으로 6.25를 곱하여 계산한다.

121. 알부민(albumin)에 관한 설명으로 옳은 것은?

① 물에 녹지 않는다.
② 가열하여도 응고하지 않는다.
③ 복합단백질에 속한다.
④ 식물계에만 분포되어 있다.
⑤ 식품에서 글로불린(globulin)과 공존하는 일이 많다.

○ 단순단백질로 물, 묽은 산, 알칼리, 염류 용액에 녹고 열과 알코올에 의해 응고하며 혈청, 달걀흰자, 근육 등의 동물성 식품과 대맥, 소맥, 콩, 피마자 등의 식물성 식품에 존재한다.

122. 식품의 조리 가공 시 갈변을 방지하는 방법으로 옳은 것은?

① 가열 처리 – 육류   ② 산화제 첨가 – 아황산염 사용
③ pH 조절 – 구연산 첨가   ④ 금속이온 첨가 – 철제 용기 사용
⑤ 채소류 – 리신 첨가

○ SH 화합물인 시스테인, 글루타치온 등을 채소류에 첨가하면 갈변화가 방지된다.

123. 펙틴의 기본 구조에 관하여 옳게 설명한 것은?

① 아밀로오스(amylose)와 아밀로펙틴(amylopectin)으로 이루어져 있다.
② 갈락토스(galactose)가 $\alpha-1,4$ 결합, $\alpha-1,6$ 결합으로 연결되어 있다.
③ 갈락투론산(galacturonic acid)이 $\alpha-1,6$ 결합으로 연결된 단순다당류이다.
④ 갈락토스(galactose)가 $\alpha-1,4$ 결합으로 연결된 기본 구조에 소량의 다른 당이 결합한 복합다당류이다.
⑤ 갈락투론산(galacturonic acid)이 $\alpha-1,4$ 결합으로 연결된 기본 구조에 소량의 다른 당이 결합한 복합다당류이다.

○ polygalacturonic acid를 기본 구조로 한 복합다당류이다

124. 효소와 그 기능이 옳게 연결된 것은?

① 아밀레이스(amylase) – 육질을 연하게 함
② 프로테이스(protease) – 이성화당의 생성
③ 셀룰레이스(cellulase) – 옥수수 시럽의 제조
④ 글루코아밀레이스(glucoamylase) – 과일주스의 농축 조작
⑤ 글루코오스옥시데이스(glucose oxidase) – 주스의 산소 제거

○ 아밀레이스(amylase) – 전분 가수분해효소, 프로테이스(protease) – 단백질 가수분해효소

답 121.⑤ 122.③ 123.⑤ 124.⑤

셀룰레이스(cellulase) – 셀룰로오스 가수분해효소, 글루코아밀레이스(glucoamylase) – 전분 가수분해효소, 글루코오스옥시데이스(glucose oxidase) – 포도당 산화효소

125. 모노페놀옥시다아제(monophenoloxidase)에 의하여 갈변을 일으키는 물질은?

① 카페산(caffeic acid)
② 클로로젠산(chlorogenic acid)
③ 타이로신(tyrosine)
④ 트립토판(tryptophan)
⑤ 시스테인(cysteine)

○ 카페산, 클로로젠산은 폴리페놀옥시다아제에 의해, 타이로신은 타이로시나아제(모노페놀 옥시다아제)에 의해 갈변화된다.

126. 비타민 C 산화효소(ascorbate oxidase)에 관한 설명 중 옳은 것은?

① 최적 pH는 8.0~9.0이다.
② 오이, 당근 등에 많이 함유되어 있다.
③ 산화형 비타민 C가 환원형 비타민 C보다 비타민 C 효력이 더 크다.
④ 소금 1% 첨가 시 활성이 촉진된다.
⑤ 가열하여도 활성이 남아 있어 기질에 작용한다.

○ 최적 pH는 5.5~6.0, 환원형이 산화형보다 비타민 C 효력이 크다. 소금과 가열에 의해 활성이 억제된다.

127. 전화당에 관한 설명으로 옳은 것은?

① 우선성 당이다.
② 비환원당이다.
③ 다당류의 분해산물이다.
④ 감미도는 설탕보다 높다.
⑤ 맥아당이 효소분해된 것이다.

○ 전화당은 설탕이 가수분해되어 과당과 포도당이 1:1의 비율로 혼합된 당으로 좌선성, 환원성의 성질을 갖는다.

128. 데옥시당(deoxysugar)에 해당되는 것은?

① 솔비톨(sorbitol), 글루코사민(glucosamin)
② 리비톨(ribitol), 글루쿠론산(glucuronic acid)
③ 키토산, 데옥시리보오스
④ 푸코오스(fucose), 람노오스(rhamnose)
⑤ 만니톨(mannitol), 피톨(phytol)

○ 푸코오스와 람노오스는 각각 L–갈락토스와 L–만노오스의 6번 탄소 원자의 OH기가, H로 치환된 데옥시당이다.

129. 식이섬유소로 작용하는 셀룰로오스(cellulose)에 관한 설명으로 옳은 것은?

① 동물성 저장 다당류이다.

② 설탕을 가하여 잼을 만들 수 있다.

③ 요오드와 포접 화합물을 만든다.

④ 글루코오스(glucose)의 α-1,4 결합으로 직쇄상이다.

⑤ 인체 내에서 소화, 흡수되지 않는다.

　　◐ 셀룰로오스는 식물성 구조 다당류로 글루코오스(glucose)의 β-1,4 결합으로 직쇄상이다.

기초영양학

문제 및 해설

CHAPTER 06

기초영양학

1. 다음 당질 중에서 단당류이면서 6탄당에 속하는 것은?

① xylose   ② maltose   ③ fructose   ④ lactose   ⑤ sucrose

○ 단당류중 6탄당은 glucose, fructose, galactose, mannose 등이 있다.

2. 갈락토스에 관한 설명으로 옳은 것은?

① 뇌와 신경조직에 많이 분포한다.
② 지단백질과 인지질의 구성 성분이다.
③ 갈락토스는 케토오스의 헥소스이다.
④ 동물의 혈액 중에 0.1% 존재하고 있다.
⑤ 동물의 핵단백질의 한 성분이다.

○ 갈락토스는 유즙 성분인 유당과 뇌, 신경조직에 분포하고 있는 당단백질과 당지질인 세레브로사이드
(cerebroside), 강글리오사이드(ganglioside)의 성분이다.

3. 탄수화물의 소화와 흡수에 대한 설명으로 옳은 것은?

① 전분은 췌장 amylase에 의해 포도당으로 분해된다.
② 흡수 속도는 galactose 〉 fructose 〉 glucose 〉 xylose 순이다.
③ 이당류는 이당류 분해효소에 의해 단당류가 된 후 흡수된다.
④ fructose는 능동수송에 의해 흡수된다.
⑤ 흡수된 단당류는 유미관을 통해 문맥으로 이동한다.

○ 포도당의 흡수 속도를 100으로 하면 갈락토스 100, 과당 43, 만노스 19, 자일로스 15 등이다. 포도당과
갈락토스는 능동수송에 의해 흡수되며 과당은 촉진 확산에 의해 흡수된다. 흡수된 단당유는 모세혈관을 통
해 문맥으로 가서 간으로 운반된다.

답 1.③ 2.① 3.③

4. 탄수화물 소화 과정에 관한 설명이다. 옳은 것은?

① 전분은 췌장에서 분비되는 amylase에 의해 포도당으로 분해된다.
② maltse는 맥아당을 포도당과 자당으로 분해한다.
③ 식이섬유소는 대장에서 분비되는 효소에 의해 분해된다.
④ 자당의 최종 소화산물은 포도당과 갈락토오스이다.
⑤ 탄수화물은 단당류로 분해되어야 흡수된다.

> ❷ 탄수화물의 소화는 구강 내에서 타액 중의 타액 amylase(ptyalin)에 의해 전분이 분해되면서 시작된다. 위에서는 탄수화물 분해효소가 분비되지 않으며, 음식물이 유미즙(chyme) 상태로 액화된다. 본격적인 소화는 소장 상부에서 시작되며, 췌장 아밀라제에 의해 전분 등의 탄수화물은 이당류인 맥아당으로 분해된다. 이당류는 소장점막세포에서 이당류 분해효소에 의해 맥아당은 두 분자의 포도당으로, 유당은 포도당과 갈락토스로, 서당은 포도당과 과당으로 분해된다. 대장에서는 특별한 소화 과정이 없으며, 소장에서 분해되지 않은 셀룰로오스 등이 세균에 의해 발효 · 부패된다

5. 타액에 포함된 소화효소에 의한 생성물은?

① 아미노산　　② 지방산　　③ 맥아당　　④ 글리세롤　　⑤ 펩티드

> ❷ 타액선에서 분비되는 효소는 전분 분해효소인 amylase(ptyaln)로 전분이 맥아당까지 분해되어 단맛을 느끼게 된다.

6. 설탕을 첨가한 커피를 마셨을 때 소장에서 흡수되는 당질의 형태는?

① 포도당, 포도당　　② 포도당, 과당　　③ 포도당, 갈락토오스
④ 과당, 과당　　⑤ 과당, 갈락토오스

> ❷ 설탕은 주로 사탕수수에서 생산되어 자당이라고도 하며, 2당류로 포도당과 과당으로 구성되어 있다.

7. 우유를 마신 후 설사 복통의 원인이 될 수 있는 탄수화물은?

① 유당　　② 자당　　③ 포도당　　④ 과당　　⑤ 맥아당

> ❷ 우유 내 주요 당질은 유당이며 유당불내증은 유당의 분해효소인 락타제(lactase)의 부족으로 발생하는 임상 증상이다. 소장에서 유당이 단당류인 포도당과 갈락토스로 분해되지 못하면 체내로 흡수되지 못하고 대장에서 박테리아에 의해 발효되어 산과 가스를 생성한다. 이로 인해 헛배가 부르고 복부에 가스가 차며 소리가 나고 복통, 설사 등의 증상이 나타난다.

8. 당신생합성 과정이 일어날 수 있는 조직은?

① 췌장과 간   ② 간과 소장   ③ 소장과 뇌
④ 간과 신장   ⑤ 뇌와 신장

  ◐ 체내에서 당신생합성 과정은 간과 신장에서 진행된다.

9. glycogen 대사에 관한 설명으로 옳은 것은?

① 극심한 운동 시 간의 glycogen이 분해된다.
② 공복 시 간과 근육에서 glycogen을 합성한다.
③ 간의 glycogen 저장량이 많을수록 지구력이 향상된다.
④ 곁가지가 많아 에너지 필요 시 신속하게 glucose를 공급하기에 유리하다.
⑤ 근육의 glycogen은 혈당 유지에 관여한다.

  ◐ 간에는 포도당-6-인산 분해효소(glucose-6-phosphatase)가 존재하여 간에 저장된 glycogen은 혈당을 조절할 수 있으나 근육에는 이 효소가 없어 포도당을 생성할 수 없어 혈당을 조절하지 못하고 근육의 에너지원으로 이용된다.

10. 포도당신생합성(gluconeogenesis)에 관한 설명으로 옳은 것은?

① 세포질에서 해당 과정과 같은 경로에 의해 이루어진다.
② 근육에서 젖산을 이용하여 포도당이 합성되는 과정이다.
③ 인슐린은 포도당신생합성을 촉진한다.
④ 공복 시 혈당 유지를 위해 일어난다.
⑤ ATP가 생성되는 과정이다.

  ◐ 포도당신생합성은 주로 간과 신장에서 공복 시 등에 혈당 유지를 위해 일어난다.

11. 피루브산이 대사될 때 혐기성 과정에서는 ( )으로 되고 호기성 과정에서는 ( )를 생성하고 최종적으로 TCA 회로를 거쳐 ( ), ( )로 분해된다. ( ) 안에 적합한 말은?

① 젖산, acetyl~CoA, CO_2 ,H_2O
② acetyl~CoA, 젖산, CO_2, H_2
③ 알코올, 젖산, CO_2, H_2O
④ 알라닌, 아미노산, CO_2, NH_2
⑤ 글리세롤, acetyl~CoA, CO_2, H_2

  ◐ 포도당은 피루브산으로 분해된 후 혐기적 과정에서는 젖산으로 전환되고 호기적 과정에서는 acetyl~CoA로 전환된 뒤 TCA회로를 거쳐 CO_2, H_2O로 분해된다.

답 8.④ 9.④ 10.④ 11.①

12. 혈당 조절에 관한 설명으로 옳은 것은?

① 인슐린은 췌장 β-세포에서 분비되며 간의 glycogen 분해를 촉진한다.
② 혈당이 저하되면 간에서 포도당신생합성이 감소한다.
③ 혈당이 100mg/dl 이상인 경우 소변으로 배설한다.
④ 에피네프린, 노르에피네프린, 글루카곤 등은 glycogen 분해를 촉진한다.
⑤ 혈당이 낮아지면 간과 근육의 glycogen을 분해하여 보충한다.

> ➲ 혈당이 170~180mg/dl 이상이면 소변으로 배설되기 시작하고 공복과 갈증을 느낀다. 혈당이 저하되면 혈당 유지를 위해 간 glycogen이 분해되어 혈당을 보충한다.

13. 혈당의 공급원과 직접 관계가 없는 것은?

① 간 glycogen
② 근육 glycogen
③ 식이 당질 섭취
④ 아미노산으로부터 포도당신생 형성
⑤ 글리세롤부터 포도당신생합성

> ➲ 근육 glycogen은 근육의 에너지원으로 이용되고 혈당의 급원으로 사용되지 못한다. 근육에는 glucose-6-phosphatase가 없어 포도당을 생성할 수 없다.

14. 케톤증(ketosis)이 유발되는 원인으로 옳은 것은?

① 탄수화물의 섭취 부족
② 단백질의 섭취 부족
③ 지질의 섭취 부족
④ 비타민의 섭취 부족
⑤ 수분의 섭취 부족

> ➲ 탄수화물 섭취 부족 시 지질의 산화로 생성된 아세틸 CoA가 TCA 회로로 유입되지 못하고 케톤체 (ketone bodies)로 전환되면서 다량 생성되어 케톤증(ketosis)을 유발한다.

15. 정상인의 식전 혈당치를 70~110mg/dl로 유지하는 데 필요한 호르몬은?

① 바소프레신　② 글루카곤　③ 세크리틴　④ 인슐린　⑤ 가스트린

> ➲ 인슐린은 식후에 분비되어 혈당을 강하시키고 글루카곤은 공복 시 분비되어 저혈당이 되지 않도록 한다.

16. 식이섬유소에 관한 설명으로 옳은 것은?

① 식물세포의 저장 에너지원이다.
② 포도당이 -1,4 글리코시드 결합으로 연결된 중합체이다.
③ 인체 내에서 소화되지 않아 열량원으로 이용되지 못한다.

④ 동물체의 간과 근육에 소량 저장된다.

⑤ 과량 섭취 시 Ca, Fe 등 여러 가지 무기질의 흡수를 촉진시킨다.

> ◎ 식이섬유소는 소화효소에 의해 소화가 되지 않는 다당류로 열량원으로 이용되지 못한다.

17. 가용성 식이섬유소에 대한 설명으로 옳은 것은?

① 물과의 친화력이 적어 젤 형성 능력이 낮다.

② 장내세균에 의해 분해되지 않고 배변량과 배변 속도를 증가시킨다.

③ 소장에서 당 흡수 속도를 증가시키고, 혈청 콜레스테롤을 감소시킨다.

④ 가용성 식이섬유에는 펙틴, 셀룰로스, 검 등이 있다.

⑤ 장내세균에 의해 생성된 단쇄지방산은 대장세포의 에너지원으로 사용된다.

> ◎ 가용성 식이섬유소는 물과의 친화력이 커서 쉽게 용해되거나 젤을 형성하여 당, 콜레스테롤, 무기질의 흡수를 방해하는 효과가 있다. 또한, 대장 미생물에 의해 발효되어 초산, 프로피온산, 부티르산 등의 단쇄지방산을 합성하여 대장 세포의 에너지원으로 사용된다.

18. 중성지방에 관한 설명으로 옳은 것은?

① 지방의 유화작용을 한다.

② 세포막의 주요 구성 성분이다.

③ 호르몬과 담즙산의 전구체이다.

④ 극성 용매에 녹는다.

⑤ 글리세롤과 지방산의 에스테르 화합물이다.

> ◎ 중성지방은 글리세롤과 지방산의 에스테르 화합물로서 에너지원이며, 필수지방산의 급원이고, 지용성 비타민의 흡수와 이동을 돕고, 신체 장기를 보호해줄 뿐만 아니라 전기적 절연체로 작용하여 체온을 조절해준다.

19. 다음의 기능을 수행하는 물질은?

> • 절연체로서 체온을 조절하는 작용을 한다.
> • 신체 장기를 감싸주어 충격으로부터 보호한다.
> • 신체가 요구하는 지용성 비타민의 흡수와 이용을 돕는다.

① 인지질　　② 지방산　　③ 중성지질　　④ 지단백질　　⑤ 콜레스테롤

> ◎ 중성지질은 에너지원이며, 필수지방산의 급원이고, 지용성 비타민의 흡수와 이동을 돕고, 신체 장기를 보호해줄 뿐만 아니라 전기적 절연체로 작용하여 체온을 조절해준다.

20. 담즙에 관한 사항이다. 옳은 것은?

① 담즙은 담낭에서 만들어져서 농축되어 분비된다.
② 담즙은 약산성으로 십이지장 내부로 분비된다.
③ 리파제의 작용을 받기 쉽게 지방을 유화시킨다.
④ 중쇄지방산의 소화에 특히 담즙이 필요하다.
⑤ 담즙산은 공장에서 재흡수된다.

○ 담즙의 주성분인 담즙산은 간에서 콜레스테롤로부터 합성된 후 담낭에서 농축되어 저장되어 있다가 지방이 들어오면 소장에 분비되어 지방소화효소의 작용을 받기 쉽도록 유화작용을 한다.

21. 지질이 당질에 비해 에너지 생성이 큰 이유는?

① 지질은 낮은 비중을 갖기 때문이다.
② 지질은 말단에 카르복실기를 갖기 때문이다.
③ 지질은 산소의 함량이 낮아 연소율이 높기 때문이다.
④ 지질은 구조상 이중 결합이 있기 때문이다.
⑤ 지질은 주로 탄소로 이루어졌기 때문이다.

○ 탄수화물에 비해 지질은 산소 함량이 낮아 연소에 더 많은 산소가 필요하다.

22. 필수지방산이면서 ω-3 지방산으로 동물성 기름보다 식물성 기름에 더 많이 함유되어 있는 지방산은?

① linoleic acid ② α-linolenic acid ③ arachidonic acid
④ EPA ⑤ DHA

○ ω-3 지방산에는 α-리놀렌산, EPA, DHA가 있는데, α-리놀렌산은 들기름에 풍부하며, EPA, DHA는 등푸른생선에 많이 들어 있다.

23. 필수지방산에 대한 설명으로 옳은 것은?

① ω-3계 지방산인 DHA는 필수지방산인 α-리놀렌산으로부터 합성된다.
② 필수지방산 중 ω-6계 지방산은 리놀렌산, 아라키돈산이다.
③ 아라키돈산은 체내에서 리놀레산으로부터 합성되므로 필수지방산이 아니다.
④ DHA와 EPA로부터 아이코사노이드가 만들어진다.
⑤ 리놀레산은 카놀라유나 아마씨유에 풍부하다.

○ 아이코사노이드는 탄소 수 20개의 아라키돈산과 EPA로부터 합성된다. ω-6계 필수지방산은 리놀레산과

아라키돈산이며, 아라키돈산은 체내에서 리놀레산으로부터 합성되지만 합성되는 양이 충분하지 못하면서 체내 역할이 중요하여 필수지방산으로 간주한다. 리놀레산의 대표적인 급원 식품은 종자와 대두유, 옥수수유 등이다.

24. 우리나라 성인의 지질 섭취 기준에 대한 설명으로 옳은 것은?

① 한국인의 열량섭취량 중 지질의 비율은 30~40%로 한다.
② 바람직한 ω-6/ ω-3 지방산 섭취 비율은 모유의 조성비와 유사한 4~10 : 1이다.
③ 지방의 과다 섭취는 비만을 유도하기 때문에 상한섭취량을 정하고 있다.
④ ω-6 지방산의 섭취 기준은 에너지 섭취량의 0.5~1.0%이다.
⑤ ω-3 지방산의 섭취 기준은 에너지 섭취량의 4~8%이다.

➡ 지방의 과다 섭취는 비만을 유도하기 쉽고 포화지방산이나 콜레스테롤의 섭취가 증가하면 관상동맥심장 질환 등 만성질환의 발생을 증가시키는 것으로 알려져 있으나 상한섭취량을 설정할 만한 근거가 없어서 모든 나라에서 설정하지 않고 있다.

25. 정상 성인의 식이에서 ω-6/ω-3 지방산의 바람직한 섭취 비율로 옳은 것은?

① 1:4~10　　　　　② 4~10:1　　　　　③ 15~20:1　　　　④ 1:15~20

➡ 바람직한 ω-6/ω-3 지방산의 섭취 비율은 모유의 조성에 근거하여 4~10:1의 범위가 되도록 권장하고 있다.

26. 췌장에서 분비하는 리파제(lipase)의 작용에 대한 설명으로 옳은 것은?

① 섭취한 장쇄지방을 유화시킨다.
② 섭취한 장쇄지방을 지방산, 모노글리세라이드로 분해시킨다.
③ 중쇄지방의 흡수를 촉진시킨다.
④ 저장된 장쇄지방을 지방산과 글리세롤로 완전히 분해시킨다.
⑤ 장쇄지방을 지방조직으로 축적시킨다.

➡ 췌장 리파제는 중성지방을 2개의 자방산과 모노글리세리드로 분해한다.

27. 지방의 소화와 흡수에 대한 설명으로 옳은 것은?

① 지방의 소화산물은 대부분 글리세롤과 아미노산이다.
② 담즙은 지방구의 유화를 돕고 효소를 분비하여 지방의 소화와 흡수에 관여한다.
③ 대부분의 소화와 흡수는 소장에서 이루어진다.
④ 중쇄지방산은 소장에 흡수된 후 중성지방으로 다시 합성되어 모세혈관으로 들어간다.
⑤ 세크레틴은 췌장 리파제 분비를 촉진시킨다.

○ 지방의 소화산물은 대부분이 모노아실글리세롤이며 그 외 지방산, 글리세롤 등이 있다. 지방은 담즙의 도움을 받아 유화가 되면 췌장 리파제의 작용으로 분해되어 소장으로 흡수된 후 중성지방으로 다시 합성되고 카일로마이크론을 형성하여 림프관으로 들어간다.

28. 담즙의 생리적 기능으로 옳은 것은?

① 지방 유화   ② 해독 기능   ③ 콜레스테롤 합성
④ 당질 소화 촉진   ⑤ 필수아미노산 흡수 촉진

○ 담즙은 담낭에 저장되어 있다가 지질을 섭취하면 분비되어 효소가 쉽게 작용하도록 유화작용을 한다.

29. 짧은 사슬 지방산과 중간 사슬 지방산이 간으로 운반할 때의 경로는?

① 문맥   ② 림프관   ③ 신정맥   ④ 식도정맥   ⑤ 복부동맥

○ 짧은 사슬(C4-C6)과 중간 사슬(C8-C12) 지방산은 물과 섞이므로 담즙을 필요로 하지 않고 지방산으로 분해되어 모세혈관을 통해 문맥으로 흡수되어 간으로 운반된다.

30. 식물성 유지를 먹은 직후 상승하는 지단백질의 형태는?

① HDL   ② VLDL   ③ IDL   ④ LDL   ⑤ chylomicron

○ 소장에서 지질은 점막세포로 흡수되면 중성지방을 재형성한 후 인지질, 콜레스테롤 에스테르, 단백질과 결합하여 지단백인 카일로마이크론을 형성한 후 림프관으로 들어간 후 흉관을 거쳐 쇄골하정맥, 심장을 지나 간에 도달한다.

31. 다음 중 지단백에 대한 설명으로 옳은 것은?

① VLDL은 주로 소장에서 만들어지며 중성 지방을 많이 가지고 있다.
② HDL은 조직에서 간으로 콜레스테롤을 운반한다.
③ LDL은 공복 상태에선 발견되지 않으며 주로 TG를 많이 가지고 있다.
④ 지단백은 혈중 단백질의 이동 형태이다.

답 27.③ 28.① 29.① 30.⑤ 31.②

⑤ 킬로미크론은 콜레스테롤 함량이 가장 많은 형태의 지단백이다.

○ VLDL은 간에서 만들어지며, HDL은 콜레스테롤을 다른 지단백질로부터 받아들여 간으로 이동시키고 혈액의 콜레스테롤 수준을 낮춤. 킬로미크론은 공복 상태에선 발견되지 않으며 소장에서 흡수된 TG를 운반하는 역할을 한다.

32. 콜레스테롤을 조직에서 간으로 운반하여 혈중 콜레스테롤을 감소시키는 물질은?

① phospholipid (인지질)　　　　② chylomicron (킬로미크론)
③ HDL (고밀도 지단백질)　　　　④ LDL (저밀도 지단백질)
⑤ VLDL (초저밀도 지단백질)

○ HDL(고밀도 지단백질)은 간에서 합성된 후 조직에서 쓰고 남은 콜레스테롤을 간으로 운반한다.

33. 단백질의 기능과 관련 단백질의 연결이 옳은 것은?

① 근육 구성 단백질 – 액틴과 미오신　　② 삼투압 조절 – 페리틴
③ 면역 기능 – 인슐린　　　　　　　　④ 호르몬 – γ–글로블린
⑤ 철 저장 단백질 – 알부민

○ 근육 구성 단백질은 액틴과 미오신이며 페리틴은 철분 저장 단백질이다. 알부민은 체액의 삼투압 조절에 관여하여 농도가 떨어지면 부종을 발생한다. γ–글로블린은 면역 기능을 담당하는 단백질이다.

34. 단백질의 질(quality)에 관한 설명으로 옳은 것은?

① 젤라틴은 동물성으로 완전 단백질이다.
② 단백질의 질은 함유된 총아미노산 함량에 따라 결정된다.
③ 필수아미노산이 충분히 함유된 단백질을 완전 단백질이라 한다.
④ 쌀 단백질 중에 결핍되는 아미노산은 세린이다.
⑤ 옥수수 단백질인 제인은 트레오닌이 부족한 불완전 단백질이다.

○ 단백질의 질은 필수아미노산의 종류와 양에 따라 완전 단백질, 부분적 완전 단백질, 불완전 단백질로 나눌 수 있다. 젤라틴은 동물성이지만 불완전 단백질 식품에 속한다.

35. 정상 성인이 단백질을 과량 섭취하였을 때 배설되는 요에 증가하는 것은?

① urea　　② pepton　　③ creatine　　④ uronic acid　　⑤ uric acid

○ 단백질 과량 섭취 시 질소평형을 유지하기 위해 질소 배설이 증가하게 되므로 요소회로가 활성화되어 요소 배설이 많아진다. 따라서 신장에 부담을 주므로 당뇨나 신장병 환자의 경우 주의하여야 한다.

답 32.③　33.①　34.③　35.①

36. 옥수수 단백질 zein에 대해 보완 효과를 갖는 아미노산은?

① methionin과 glutamic acid　　② threonine과 histidine

③ tryptophan과 lysine　　④ glycine과 phenylalanine

⑤ lysine과 cysteine

> ◐ 옥수수에 부족한 아미노산은 트립토판과 리신이다. 콩류와 채소류는 메티오닌, 곡류는 리신과 트레오닌, 견과류 및 종실류는 리신이 부족하다. 이처럼 부족한 아미노산 조성을 가진 식물성 단백질은 단독으로 먹는 것보다 여러 종류의 식물성 단백질을 혼합하거나 양질의 동물성 단백질과 혼합하여 먹음으로써 부족한 아미노산을 보완할 수 있다.

37. 단백질 절약작용에 관한 설명으로 옳은 것은?

① 당질의 섭취가 부족하면 케토시스(ketosis)가 생긴다는 말이다.

② 단백질을 절약하는 것이 몸에 이롭다는 말이다.

③ 단백질이 에너지원으로 사용되지 않도록 한다.

④ 단백질이 다른 영양소보다 영양가가 좋다는 말이다.

⑤ 단백질을 많이 섭취해야 된다는 뜻이다.

> ◐ 단백질은 체조직 구성이 주된 역할이지만 에너지 섭취가 부족하면 에너지원으로 먼저 사용된다.

38. 질소평형에 대한 설명으로 옳은 것은?

① 임신 또는 수유 상태에는 질소평형이 음(−)의 상태이다.

② 성장기 아동과 청소년은 질소의 체내 보유량보다 질소 배설량이 더 크다.

③ 정상 성인은 질소평형 상태로 체내 보유되는 질소량과 배설량이 동일하다.

④ 수술 후 회복기 환자와 고열환자는 질소평형이 양(+)의 상태이다.

⑤ 많은 훈련을 하는 운동선수는 질소 배설량이 증가한다.

> ◐ 건강한 성인은 질소평형 상태이며 성장기, 임신부, 운동선수는 체단백의 합성이 증가하고 있는 상태로 질소 배설이 감소한다. 체중 감소, 기아, 수술 환자는 체단백의 소모로 질소 배설이 증가한 상태이다.

39. 동물성 단백질로 고단백 식사를 할 때 나타나는 증상은?

① 지방의 체내 이용이 증가하게 된다.

② 발열작용에 의한 에너지 소모량이 적어진다.

③ 요를 통한 칼슘 배설이 많아진다.

④ 당질의 절약작용이 일어난다.

⑤ 단백질은 과잉 섭취 시에도 큰 해로움이 없다.

○ 동물성 단백질로 고단백 식사 시 동물성 단백질에 많이 들어 있는 산성의 황아미노산 대사물질이 중화되는 과정에서 소변을 통한 칼슘의 손실이 많아진다.

40. 성장기 남학생이 1일 125g의 단백질(평균 질소 함량 16%) 섭취하고, 대변으로 3g, 소변으로 5g의 질소를 배설한다면 이 남학생의 보유된 질소량은?

① 10g　　② 12g　　③ 14g　　④ 16g　　⑤ 18g

- 질소 보유량 = 질소 섭취량 − 질소 배설량
- 배설량 = 3g (대변) + 5g (소변)
- 질소 섭취량 = 125 × 0.16 = 20g
- 질소 보유량 = 20 − 8 = 12

41. 단백질 결핍 시 부종이 생기는 이유는?

① 혈장 삼투압이 낮아져서 혈중의 수분이 조직으로 빠져나가서
② 세포간질액의 삼투압이 높아져서 음압으로 체액이 이동
③ 혈압이 낮아져서 수분의 이동이 억제되어 수분 저류 발생
④ 복수로 문맥고혈압이 높아져서
⑤ 간에서 알부민 합성이 저하되어 식도정맥류가 발생되어서

○ 부종은 조직간액에 수분이 저류되어 있는 상태를 말한다.

42. 위에서 불활성의 pepsinogen을 pepsin으로 활성화시키는 물질은?

① gastrin　　　② creatine　　　③ stearin
④ insulin　　　⑤ glucagon

○ 펩시노겐은 위산에 의해 펩신으로 활성화되는데, 위에서 분비되는 가스트린이 위의 벽세포에서 위산분비를 자극한다.

43. 췌장에서 분비되는 단백질 분해효소로 단백질 사슬의 내부를 절단하는 것은?

① dipeptidase　　　② trypsin　　　③ pepsin
④ aminopeptidase　　　⑤ carboxypeptidase

○ 내부 가수분해효소로는 위에서 분비되는 펩신과 췌장에서 분비되는 트립신, 카이모트립신이 있고, 외부 가수분해효소로는 아미노펩티다제, 카복시펩티다제, 디펩티다제가 있다.

답 40.② 41.① 42.① 43.②

44. 단백질의 구조에 대한 설명으로 옳은 것은?

① 단백질은 4차 구조를 형성하여야 생리적 활성을 나타낼 수 있다.
② 1차 구조는 단백질의 고유한 아미노산 배열로 일부 변화가 와도 단백질 기능에 심각한 영향을 초래하지는 않는다.
③ 2차 구조는 carboxy기와 amino기 간의 수소결합에 의해 형성되는 peptide 결합이다.
④ 모든 단백질은 3차 구조를 가져야 생리적 활성을 가질 수 있다.
⑤ 단백질의 3차 구조 형성에 주요한 이황화결합(disulfide bond)은 변성이 일어나지 않는다.

○ 단백질의 2차 구조는 carboxy기와 amino기의 peptide 결합이다.

45. 한국인 성인(19~29세) 영양섭취 기준에서 남자와 여자의 1일 단백질 권장섭취량은?

① 남자 55g, 여자 45g
② 남자 55g, 여자 50g
③ 남자 60g, 여자 55g
④ 남자 65g, 여자 60g
⑤ 남자 70g, 여자 65g

○ 성인 남자 19~49세의 단백질 권장섭취량은 55g이며, 성인 여자 19~29세는 50g이고, 30~49세는 45g이다.

46. 폭발열량계(bomb calorimeter)에 의한 지방 1g의 열량은 9.45kcal인데 비해 생리적 열량가가 9kcal로 감소하는 이유는?

① 지방의 소화흡수율이 95%이기 때문에
② 지방의 소화흡수 시간이 지연되기 때문에
③ 체내에서 지방이 불완전 연소되기 때문에
④ 당질의 일부가 체지방으로 변했기 때문에
⑤ 지방의 일부가 체지방으로 저장되었기 때문에

영양소	식품의 열량가	소화흡수율(%)	에너지 손실	생리적 열량가(kcal/g)
탄수화물	4.1	98	0	4.0
지질	9.45	95	0	9.0
단백질	5.65	92	1.25(소변으로)	4.0
알코올	7.1	100	0.1(호흡으로)	7.0

답 44.③ 45.③ 46.①

47. 추운 환경에 노출되었을 때 활성화되어 열 발생을 통한 체온 유지와 관련되는 세포는?

① 내장 지방세포   ② 백색 지방세포   ③ 갈색 지방세포
④ 복강 지방세포   ⑤ 조직 단백질세포

> ◐ 추운 환경에 노출되거나 지나치게 과식했거나 여러 가지 스트레스 상황에서 열 발생으로 소모되는 에너지를 적응 대사량(adaptive thermogenesis)이라 하며 주로 갈색 지방조직에 의한 열 발생 기전과 관계가 있다.

48. 기초대사량에 관한 설명으로 옳은 것은?

① 신장만으로도 간단히 구할 수 있다.
② 식후 5시간이 지나야 측정이 가능하다.
③ 생명 유지에 필요한 최대한의 에너지이다.
④ 의식적 근육 활동이 없는 휴식 상태의 에너지이다.
⑤ 심박, 혈액순환, 호흡 등 생리 현상을 위한 에너지이다.

> ◐ 기초대사량은 기초대사를 위해 필요한 최소의 열량이다. 기초대사는 호흡, 체온 유지, 근육 긴장, 심장박동, 내분비 유지, 신경전달 등 생명을 유지하기 위해 일어나는 대사작용이다. 식후 12~18시간이 지난 후 잠에서 깨어난 직후 실내온도(18~20℃)에서 누운 상태로 측정한다.

49. 기초대사량이 증가하는 경우는?

① 오랜 기아 상태   ② 갑상선 기능 저하증
③ 근육량이 많은 사람   ④ 스트레스가 없는 사람
⑤ 같은 체중이면서 키가 작은 사람

> ◐ 기온이 낮고, 근육량이 많으며 체표면적이 넓을수록 기초대사량은 증가한다. 반면 영양이 부족하거나 기아 상태에서는 기초대사량이 감소한다.

50. 섭취 에너지가 소비 에너지보다 적을 때 나타나는 현상은?

① 섭취가 단기간 부족하면 기초대사량과 식품 이용을 위한 에너지 소모는 증가한다.
② 양의 에너지 균형은 섭취가 단기간 부족할 때 나타나는 적응 현상이다.
③ 양의 에너지 균형에서는 섭취 에너지가 부족해도 체중이 오히려 증가한다.
④ 섭취 에너지가 장기간 부족하면 체지방은 유지되나 체단백질이 분해된다.
⑤ 섭취 에너지의 장기간 부족은 체중 감소와 면역력 손상에 의한 감염을 쉽게 일으킨다.

> • 에너지 균형 : 에너지섭취량 = 에너지 소비량 → 체중 유지, 건강 상태
> • 양(+)의 에너지 균형 : 에너지 섭취량 〉 에너지 소비량 → 체중 증가, 비만, 당뇨, 고혈압 등 발생
> • 음(-)의 에너지 균형 : 에너지 섭취량 〈 에너지 소비량 → 체중 감소, 면역력 약화, 질병 발생

답 47.③ 48.⑤ 49.③ 50.⑤

51. 호흡계수(respiratory quotient, RQ)에 관한 설명으로 옳은 것은?

① 산소 소비량을 이산화탄소 배출량으로 나눈 값(O_2/CO_2)이다.
② 지방의 종류에 따라 다르지만 지방의 평균 호흡계수는 0.5 정도이다.
③ 당질의 평균 호흡계수는 0.9로 산소 소비량이 이산화탄소 배출량보다 적다.
④ 지방은 당질에 비해 산소 함량이 적어서 연소 시 더 많은 산소를 소비한다.
⑤ 단백질은 요로 배설되는 질소로 인한 에너지 손실이 있으므로 1.0 정도로 추정한다.

◐ 호흡계수는 호흡 시 소모된 산소와 생성된 이산화탄소의 비를 말한다.

$$RQ = \frac{\text{생성된 이산화탄소량}}{\text{소모된 산소량}} \times 100 \quad \text{탄수화물 1.0, 지질 0.7, 단백질 0.8, 혼합식 0.85}$$

52. 인체의 호흡계수가 0.7 이하일 때 임상적인 상태로 예상할 수 있는 것은?

① 단백질 대사율 저하
② 당질에서 체지방 합성
③ 굶은 상태 또는 저당질식
④ 열량원으로 주로 단백질 이용
⑤ 비타민 부족으로 에너지 대사 저하

◐ 인체의 호흡계수는 당 1.0, 지질 0.7, 단백질 0.80이며, 혼합 식사의 경우 0.85이다.

53. 섭취 에너지가 소비 에너지보다 적을 때 나타나는 음의 에너지 균형에서 나타나는 현상으로 옳은 것은?

① 섭취 에너지를 줄여도 체중이 증가하는 현상이다.
② 체단백질은 감소하나 체지방은 그대로 유지되는 상태이다.
③ 뇌하수체의 섭식중추 장애 시 섭취 에너지가 줄어서 나타난다.
④ 기초대사량과 식이성 발열 효과의 감소로 소비 에너지를 줄이는 적응 현상이다.
⑤ 시상하부 장애로 섭취 에너지가 소비 에너지보다 생리적으로 감소되는 현상이다.

◐ 음의 에너지 상황에서는 섭취 에너지의 감소로 체내에서 기초대사와 열량대사량이 감소된다.

54. 알코올 과음 시 나타나는 대사장애 및 관련 증상이 <u>아닌</u> 것은?

① 아세트알데히드는 간세포에 손상을 주고 기능을 변화시킨다.
② 암모니아가 다량 생성되어 케톤증, 알칼리혈증을 초래한다.
③ 소화기에 염증을 일으켜 다른 영양소의 흡수와 대사를 방해한다.
④ 에너지 외에는 다른 영양소가 부족하여 영양 불량을 초래할 수 있다.
⑤ 알코올은 지방 분해를 저하시켜 지방이 완전 산화되지 못해 간조직 내에 축적되어 지방간이 발생한다.

○ 아세트알데히드는 알코올 대사의 중간산물로 홍조의 원인이며, 간세포를 손상시키는 주된 물질이다. 열량만 제공하는 빈 열량 식품으로 체내에서 지방으로 대사되어 지방간을 일으킨다.

55. 체내 무기질의 특성으로 옳은 것은?

① 칼슘은 모두 뼈와 치아에 분포되어 있다.
② 인의 50%는 세포와 체액에 존재한다.
③ 칼륨은 세포 외액의 주된 양이온이다.
④ 나트륨 과잉 섭취는 고혈압과 관련된다.
⑤ 마그네슘은 근육을 수축하고 신경을 흥분시킨다.

○ 체내 칼슘의 99%가 골격과 치아의 형성에 관여하며 나머지 1%의 칼슘이 세포 내외액에 존재하면서 세포의 주요 기능에 관여한다. 체내 인의 85%가 칼슘과 결합하여 골격과 치아를 구성한다. 골격 무기질에 인과 칼슘의 비는 보통 1:2이다. 마그네슘은 신경을 안정시키고 긴장을 완화시키는 역할을 한다.

56. 무기질의 특성으로 옳은 것은?

① 신체의 구성 성분으로서 체내에서 합성된다.
② 대부분 도정된 식품에 많이 함유되어 있다.
③ 소화 과정을 거쳐야만 소장에서 흡수될 수 있다.
④ 매우 적은 양으로 신체의 대사 조절에 관여한다
⑤ 축적되지 않으므로 과량 섭취로 인한 독성이 없다.

○ 무기질은 도정되지 않은 식품에 존재하며 매우 적은 양으로 신체를 구성하거나 신체의 대사를 조절한다. 과량 섭취 시 체내에서 독성을 나타낸다.

답 54.② 55.④ 56.④

57. 나트륨에 관한 설명으로 옳은 것은?

① 필수지방산의 능동수송에는 나트륨이 필요하다.

② 흡수율은 60~70% 정도로 대부분 위에서 흡수된다.

③ 건강 유지를 위한 1일 섭취 목표량은 1,500mg 정도이다.

④ Na/K의 섭취 비율을 1 이상으로 유지하면 혈압이 내려간다.

⑤ 알도스테론은 나트륨 재흡수를 촉진하여 혈중 농도를 올린다.

> ◐ 부신피질에서 분비되는 알도스테론은 혈중 나트륨양이 저하되면 분비된다. 건강 유지를 위한 나트륨의 1일 섭취 목표량은 2,000mg/일(식염 5g/일) 정도이다.

58. 칼슘 흡수에 관한 설명으로 옳은 것은?

① 성인의 경우 칼슘 섭취량의 30~50% 정도가 흡수된다.

② 십이지장에서의 능동수송은 비타민 D에 의해 조절된다.

③ 인의 섭취량이 칼슘보다 적으면 칼슘 배설이 촉진된다.

④ 수산칼슘염은 소장에서 흡수가 잘되는 가용성염 형태이다.

⑤ 곡류의 외피에 다량 함유된 탄닌은 칼슘의 흡수를 촉진한다.

> ◐ 청소년이나 성인의 경우 1일 칼슘 섭취량의 20~40%가 흡수된다. 그러나 골격 형성이 왕성한 성장기 어린이는 흡수율이 75%까지 증가하기도 하며 임신 기간 동안의 흡수율도 60%로 증가한다. 노년기가 되면 흡수율이 떨어지며 특히 폐경기 여성은 흡수율이 20% 정도에 불과하다. 칼슘 흡수에 영향을 주는 요인을 정리하면 다음과 같다.

칼슘 흡수를 증진시키는 요인	칼슘 흡수를 방해하는 요인
신체의 칼슘 요구량 증가	비타민 D의 결핍
장내의 산도 증가	과량의 지방 섭취
비슷한 비율의 칼슘과 인의 섭취	과량의 식이섬유소 섭취
비타민 D	수산 및 피틴산
유당	과량의 인, 철분, 아연
단백질	탄닌
비타민 C	폐경
혈액 내 칼슘 이온의 농도 저하	노령
부갑상선 호르몬	운동 부족 및 스트레스

59. 칼슘 흡수를 촉진하는 요인과 함유 식품의 연결로 옳은 것은?

① 수산 – 시금치   ② 섬유소 – 현미   ③ 지방 – 소갈비
④ 비타민 C – 딸기   ⑤ 콜레스테롤 – 우유

> ◐ 칼슘의 흡수를 촉진하는 요인은 비타민 D, 부갑상선 호르몬, 유당, 위산, 비타민 C, 아미노산이 있다.

60. 칼슘 섭취에 관한 설명으로 옳은 것은?

① 20~49세 남녀의 1일 칼슘 권장섭취량은 800mg이다.
② 칼슘 섭취량이 인 섭취량보다 적으면 칼슘 흡수는 저하된다.
③ 우유 1컵, 요구르트 1컵에 칼슘은 총 700mg 함유되어 있다.
④ 임신부와 55세 여자의 1일 칼슘 권장섭취량은 각각 1,000mg, 900mg이다.
⑤ 유당불내증이 있으면 요구르트보다는 유당 함량이 적은 저지방 우유가 좋다.

> ◐ 인의 섭취량이 칼슘보다 많으면 칼슘의 흡수가 저하된다. 칼슘과 인의 비율을 1:1로 유지하는 것이 칼슘의 흡수에 좋다. 우유 1컵에는 대략 칼슘이 200mg 함유되어 있다. 임신부는 930mg, 55세 이후 700mg을 권장한다.

61. 체내 칼슘의 기능에 관한 설명으로 옳은 것은?

① 치아와 잇몸 구성   ② 혈전의 용해 촉진
③ 신경자극 전달 억제   ④ 근육의 수축과 이완
⑤ 핵산과 핵단백질 구성

> ◐ 치아를 형성하고 혈액응고에 관여하며, 신경 자극 전달, 근육의 수축 이완에 관여한다.

62. 칼슘 결핍증에 대한 설명으로 옳은 것은?

① 폐경 후 여성에게 골다공증이 흔한 이유는 테스토스테론 감소 때문이다.
② 골연화증은 어린이 칼슘 결핍증으로 골격의 기질 함량이 감소된 상태이다.
③ 골다공증 예방에는 규칙적으로 걷는 것보다 관절에 좋은 수영을 권장한다.
④ 혈중 칼슘 농도가 저하되면 근육 경련과 같은 근육 강직(tetany)이 나타난다.
⑤ 노화로 인한 골다공증은 주로 폐경 후에 척추 등의 치밀골에 흔히 나타난다.

> ◐ 폐경 후 여성의 골다공증은 에스트로젠 분비의 감소에 의한 것이다. 혈액의 칼슘 이온 농도가 감소하면 근육이 계속적인 신경 자극을 받아 근육 경련을 일으킴으로써 테타니가 생길 수 있다.

63. 칼슘의 체내 기능에 대한 설명으로 옳은 것은?

① 골격 석회화의 주성분인 플루오로아파타이드를 구성한다.
② 프로트롬빈을 트롬빈으로 전환하여 혈액응고를 촉진한다.
③ 신경자극 전달 물질의 유입을 줄여서 신경 전달을 억제한다.
④ 치밀골에 저장된 칼슘은 혈액으로 쉽게 용출되어 칼슘 농도를 올린다.
⑤ 신경자극으로 세포 내의 칼슘이 방출되면 액토미오신이 분리되어 근육이 이완된다.

➡ 칼슘은 prothrambin을 thrambin으로 전환시켜 혈액 응고를 촉진한다. 신경자극으로 근육이 흥분되면 세포 안의 칼슘이 방출되어 액틴과 미오신이 결합되어 액토미오신이되어 근육이 수축된다.

64. 콜라와 사이다 등의 청량음료, 인스턴트식품, 단백질이 풍부한 어육류와 달걀에 많이 함유되어 있는 영양소로 칼슘 흡수를 위해 섭취를 줄여야 하는 무기질은?

① 인   ② 칼륨   ③ 나트륨   ④ 요오드   ⑤ 마그네슘

➡ 인은 콜라와 사이다 등의 청량음료, 인스턴트식품, 단백질이 풍부한 어육류와 달걀에 많이 함유되어 있으며, 과량 섭취 시 칼슘의 흡수를 저해한다.

65. 인에 관한 설명으로 옳은 것은?

① 주로 대변을 통한 배설로 항상성을 유지한다.
② 식사 내 칼슘과 인의 적정 섭취 비율은 1 : 2이다.
③ 우리나라 식생활에서 인의 섭취량은 늘 부족하다.
④ 체내에서 주로 근육, 장기, 체액 등에 분포한다.
⑤ 흡수율은 성인의 경우 대개 60~70% 정도이다.

➡ 인은 칼슘과 함께 골격을 구성하는 중요한 무기질이며, 많은 식품에 함유되어 있어 섭취 부족에 대한 염려는 없으나 칼슘과 인의 흡수 및 이용을 위해 칼슘과 인의 섭취 비율은 1 : 1로 하는 것이 바람직하다.

66. 신경 자극의 전달과 근육의 수축 및 이완작용에 관여하는 무기질로 옳은 것은?

① 나트륨, 황   ② 마그네슘, 아연   ③ 칼륨, 철
④ 마그네슘, 칼슘   ⑤ 나트륨, 불소

➡ 신경 자극과 근육의 수축 및 이완을 조절하는 무기질은 마그네슘, 나트륨, 칼륨과 칼슘이온이다. 칼륨과 나트륨은 골격근과 심근의 수축 및 이완작용에 관여한다. 칼슘과 마그네슘은 서로 상반된 작용을 하여 마그네슘은 근육 이완, 신경을 안정시키며 칼슘은 근육 긴장과 신경을 흥분시키는 작용을 한다.

답 63.② 64.① 65.⑤ 66.④

67. TCA회로 중의 각 효소나 phosphatase, phosphorylase의 작용에 필수적인 무기질은?

① Ca   ② Mg   ③ K   ④ Na   ⑤ Cu

◐ Mg은 TCA회로 중의 각 효소나 phosphatase, phosphorylase의 작용에 필수적이다.

68. 다음과 같은 작용을 하는 무기질이 부족하면 나타나는 증상은?

> • 골격과 치아를 구성한다.
> • ATP의 구조를 안정화한다.
> • 근육을 이완하고 신경을 안정시킨다.
> • 여러 효소의 보조 인자로 에너지 대사에 관여한다.

① 빈혈(anemia)   ② 구루병(rickets)   ③ 괴혈병(scurvy)
④ 피부병(dermatitis)   ⑤ 떨림증(tetany)

◐ 마그네슘은 체내에서 60% 이상이 골격과 치아를 구성하고 근육의 수축 이완, 특히 이완에 관여하며, 에너지대사에 필요하다. 부족하면 마그네슘 테타니(떨림)가 나타난다.

69. 나트륨 섭취에 관한 설명으로 옳은 것은?

① 나트륨 섭취량은 1일 3,000mg(소금 10g)을 넘지 않도록 권장한다.
② 장기간의 고염식이나 심한 발한으로 고나트륨혈증이 나타날 수 있다.
③ 나트륨을 장기간 과잉 섭취하면 부종, 고혈압, 위염 등이 초래될 수 있다.
④ 소금 섭취량이 많으면 알도스테론은 신장에서 나트륨 재흡수를 촉진한다.
⑤ 생선 자반, 라면, 우유, 두유, 애호박 등은 나트륨을 다량 함유한다.

◐ 건강한 성인의 1일 나트륨의 충분 섭취량은 1.5g이며 WHO/FAO에서 제시한 식이 관련 만성질환 예방을 위한 목표량을 참고로 우리나라는 2,000mg을 1일(식염 5g/일) 목표량으로 제시하고 있다. 장기간의 저염식이나 발한으로 인해 나트륨이 소실되면, 체내 소금 보유량이 감소하며 이때 부신피질 호르몬인 알도스테론에 의해 신장에서 나트륨의 재흡수가 촉진된다.

70. 칼륨의 생리적 기능으로 옳은 것은?

① glycogen의 합성 속도가 빨라지면 고칼슘혈증이 되기 쉽다.
② 세포외액의 주된 양이온으로 삼투압 유지에 관여한다.
③ 혈중 칼륨 농도가 감소하면 저혈압을 초래할 수 있다.
④ 단백질 합성과 저장 속도가 빨라지면 칼륨은 나트륨과 함께 손실된다.
⑤ 고칼륨혈증에서는 심근이 지나치게 이완되어 심장마비를 초래할 수 있다.

> ➡ 칼륨은 세포 내액의 주된 양이온으로 혈당이 glycogen으로 전환될 때 glycogen이 칼륨을 저장한다. 칼륨은 근육과 세포 단백질 내에 질소를 저장하기 위해 필요하므로 조직이 파괴될 때 칼륨은 질소와 함께 배설된다. 심장은 칼륨의 농도가 높으면 심장 근육을 이완시킨다.

71. 인체 내 세포내액과 외액의 이온 분포 차이가 커서 전위차를 만드는 무기질은?

① Na/C   ② K/P   ③ K/Na   ④ Cl/P   ⑤ Mg/Na

> ➡ 세포외액에 가장 많이 존재하는 전해질은 Na와 Cl이다. 세포 내외의 삼투압 유지는 주로 Na와 K에 의해 조절되며, 세포외액은 Na : K = 28 : 1, 세포내액은 Na : K = 1 : 10으로 유지되어 삼투압이 형성된다.

72. 혈중 농도가 너무 높으면 심장마비를 일으킬 수 있는 무기질과 급원 식품의 연결이 옳은 것은?

① 인 – 두부   ② 칼륨 – 감자   ③ 칼슘 – 멸치
④ 나트륨 – 시금치   ⑤ 마그네슘 – 밀가루

> ➡ 칼륨은 골격근과 심근의 활동에 중요한 역할을 하며 심장에 칼륨의 농도가 높으면 심장 기능을 방해하여 심장 박동을 느리게 하며 심장 박동이 정지된다.

73. 철 결핍성 빈혈로 철 보충제 복용 시 같이 섭취하면 철 흡수에 도움이 되는 식품은?

① 오렌지주스   ② 시금치나물   ③ 쌀밥   ④ 홍차   ⑤ 우유

> ➡ 철 흡수 촉진 인자 – 헴철, 위산, 비타민 C, 아미노산
> 철 흡수 억제 인자 – 다른 무기질, 비헴철, 탄닌, 피틴산, 과량의 섬유소, 과량의 지방

74. 철 흡수율이 상대적으로 낮은 사람은?

① 제산제 투여 환자   ② 임신 후반기 여성   ③ 성장기 어린이
④ 외상 후 출혈 환자   ⑤ 훈련받는 운동선수

> ➡ 철의 흡수는 성장기·임신기·수유기 등 체내 요구도가 높으면 증가되며, 위산, 비타민 C는 철의 흡수를 촉진한다.

75. 철 흡수에 관한 사항이다. 옳은 것은?

① 철 흡수는 주로 회장에서 일어난다.
② 혼합 식이의 경우 철 흡수율은 약 1% 정도이다.
③ 위액 분비가 적은 사람은 철 흡수가 촉진된다.
④ 비타민 C는 철 흡수를 촉진시킨다.
⑤ 지방성 설사 시 철 흡수는 촉진된다.

◑ 철의 흡수 촉진 인자는 위산, 비타민 C, 아미노산 등이 있다.

76. 철 결핍성 빈혈에 대한 설명으로 옳은 것은?

① 철 결핍증의 초기 단계는 헤모글로빈 농도를 측정하는 것이 적합하다.
② 성장기 어린이는 신체 성장 및 학습 능력 발달의 저하가 나타난다.
③ 철분 함량과 흡수율이 높은 식품군은 우유와 유제품이다.
④ 엽산과 비타민 B_{12}의 공급으로 치료가 가능하다.
⑤ 적혈구의 크기에는 변화가 없으며 혈색소량만 감소한다.

◑ 우유 및 유제품에 포함되어 있는 칼슘은 장내에서 철분 흡수를 저해하는 요인으로 작용한다.

77. 한국인 성인 남녀에게 있어 영양 섭취 권장량이 여성에게 더 높게 책정되어 있는 영양소는?

① 비타민 C   ② 철   ③ 엽산
④ 토코페롤   ⑤ 비타민 A

◑ 철은 여성에게 더 많이 필요하다. 이는 여성은 월경에 의한 부가적인 철 손실이 있기 때문이다.

78. 핵산과 단백질대사에 관여하여 상처 회복, 적절한 면역 기능, 인슐린의 저장과 방출, 미각에 관여하는 무기질은?

① 칼슘   ② 철분   ③ 아연   ④ 요오드   ⑤ 불소

◑ 아연은 다양한 효소의 보조 인자로서 작용하며 체내 중요한 대사 과정과 반응을 조절한다. 염산의 위액으로 분비, 골격의 석회화, 혈액과 조직의 산과 알칼리의 균형 유지 등에 관여한다. 또한, 아연은 인슐린과 복합체를 이루고 있어 탄수화물 대사에도 관여한다. 아연은 특히 면역 체계와 같이 교체가 빠른 조직에 필수적이며 상처 회복도 돕는다.

79. 부족하면 성장 저해, 면역력 감소, 미각 상실, 생식 기능 이상이 나타나는 무기질은?

① 철분   ② 아연   ③ 구리   ④ 불소   ⑤ 요오드

○ 아연이 부족하면 성장 저해, 면역력 감소, 미각 상실, 생식 기능 이상이 나타난다.

80. 생체 내에서 여러 금속 효소의 구성 요소이며, 성장과 면역 기능을 수행하는 무기질이 부족할 경우 나타나는 증상은?

① 부종   ② 케산병   ③ 악성빈혈
④ 미각 상실   ⑤ 말단비대증

○ 아연은 다양한 효소의 보조 인자로서 작용하며 체내 중요한 대사 과정과 반응을 조절한다. 염산의 위액으로 분비, 골격의 석회화, 혈액과 조직의 산과 알칼리의 균형 유지 등에 관여한다. 또한, 아연은 인슐린과 복합체를 이루고 있어 탄수화물 대사에도 관여한다. 아연은 특히 면역 체계와 같이 교체가 빠른 조직에 필수적이며 상처 회복도 돕는다. 아연 결핍으로 피부염, 성장장애 및 미각의 둔화로 보인다.

81. 무기질의 기능과 결핍증을 바르게 연결한 것은?

① Co – 비타민 B$_{12}$의 구성 성분 – 악성빈혈
② Se – 항산화 작용 – 내당력 저하
③ I – 갑상선호르몬 구성 성분 – 바도우씨병
④ Cr – 인슐린 보조 인자 – 거대아
⑤ Ca – 부갑상선호르몬의 구성 성분 – 구루병

○ 철 흡수 촉진 인자 – 헴철, 위산, 비타민 C, 아미노산
철 흡수 억제 인자 – 다른 무기질, 비헴철, 탄닌, 피트산, 과량의 섬유소, 과량의 지방

82. 청소년기에 철의 필요량이 증가하는 이유로 옳은 것은?

㉮ 혈액량 증가	㉯ 근육 성장
㉰ 여학생의 경우 월경	㉱ 골격 성장

① ㉮㉯㉰   ② ㉮㉰   ③ ㉯㉱   ④ ㉱   ⑤ ㉮㉯㉰㉱

83. 헤모글로빈의 합성을 돕고 콜라겐이나 엘라스틴이 교차결합을 형성하는 데 관여하는 효소의 보조 인자 역할을 하는 무기질은?

① 철분　　　　② 아연　　　　③ 구리　　　　④ 불소　　　　⑤ 요오드

　　◐ 구리는 체내에서 철을 3가 이온으로 산화시켜 헤모글로빈 합성 장소로 이동시킨다. 콜라겐이나 엘라스틴이 교차결합을 형성하는 데 관여하는 효소의 보조 인자로 작용한다.

84. 성인에게 있어 과다 섭취 시 문제를 일으킬 수 있어서 상한 섭취량이 설정되어 있는 영양소는?

㉮ 비타민 C　　　　㉯ 칼슘　　　　㉰ 요오드　　　　㉱ 나트륨

① ㉮㉯㉰　　　　② ㉮㉰　　　　③ ㉯㉱　　　　④ ㉱　　　　⑤ ㉮㉯㉰㉱

　　◐ 나트륨은 상한섭취량을 설정하지 않았으나 WHO/FAO에서 섭취목표량 2,000mg(식염 5g)을 제시하였다.

85. 세포 내 미토콘드리아에 많이 함유되어 있고 내당 인자로 알려진 복합체를 구성하며 결핍 시 당뇨가 나타날 수 있는 무기질은?

① 코발트　　　　② 아연　　　　③ 구리　　　　④ 크롬　　　　⑤ 요오드

　　◐ 크롬은 당내성 인자(glucose tolerance factor, GTF)라고 하는 복합체의 성분으로 당질대사에 관여한다. 크롬은 인슐린의 작용을 강화하여 세포 내 포도당이 유입되는 과정을 돕는다.

86. 글루타티온과산화효소의 구성 요소이며 항산화 기능이 있는 무기질이 부족하면 나타나는 증상은?

① 빈혈　　　　② 구루병　　　　③ 케산병　　　　④ 근위축증　　　　⑤ 신경장애

　　◐ 셀레늄은 글루타티온과산화효소의 구성 요소이며 항산화 기능이 있고 부족하면 케산병이 나타난다. 케산병은 셀레늄의 결핍에 의한 질병으로 중국의 케산 지방에서 처음 보고되었다. 어린이나 가임기의 젊은 여성에게서 발생하는 울혈성 심장병을 말한다.

87. 부족하면 단순 갑상선종, 크레틴병이 나타나는 영양소가 풍부한 식품은?

① 다시마　　　　② 시금치　　　　③ 잡곡밥　　　　④ 돼지고기　　　　⑤ 올리브유

　　◐ 요오드는 갑상선 호르몬의 성분 및 합성에 관여한다. 요오드 섭취 부족 시 단순 갑상선종, 임신 기간 중 부족한 섭취는 태아에 영향을 주어 크레틴병을 일으킨다. 요오드의 과잉 섭취 시에는 바세도우씨병을 초래한다.

답　83.③　84.①　85.④　86.③　87.①

88. 비타민과 무기질의 흡수에 관한 설명으로 옳은 것은?

① 칼슘과 철은 수동적 확산에 의해 흡수된다.
② 칼슘과 철의 장내 흡수율은 체내 요구가 높을 때 증가한다.
③ 수용성 비타민이 잘 흡수되기 위해서는 담즙이 필요하다.
④ 식사 내의 비타민이나 무기질 함량이 증가하면 흡수율도 증가한다.
⑤ 식사 중 수산이나 피트산은 나트륨, 칼륨과 같은 무기질 흡수를 억제한다.

● 칼슘과 철은 능동수송에 의해 운반되며, 체내 필요성이 증가할 때 흡수율이 증가한다.

89. 비타민 A의 흡수와 대사에 관한 설명으로 옳은 것은?

① 비타민 A의 대사와 저장은 주로 소장점막에서 이루어진다.
② 카로티노이드 중 활성이 가장 큰 형태는 베타카로틴이다.
③ 베타카로틴은 모두 소장점막에서 레티놀로 전환된다.
④ 레티놀은 단백질과 결합한 레티닐에스테르(retinyl ester) 형태로 존재한다.
⑤ 간에서 카일로마이크론(chylomicron)에 합류되어 이동한다.

● 비타민 A는 retinyl ester로 존재하며 췌장효소에 의해 retinol과 지방산으로 분해된다. 소장 점막 내로 흡수되어 다시 ester화되어 chylomicron과 함께 림프관을 통해 간으로 운반되어 간에 저장된다.

90. 어두운 곳에서 시각 기능을 유지하는 색소와 구성 비타민의 연결이 옳은 것은?

① 요돕신(iodopsin) – 비타민 A
② 로돕신(rhodopsin) – 비타민 A
③ 레티날(retinal) – 비타민
④ 로돕신(rhodopsin) – 비타민 D
⑤ 요돕신(iodopsin) – 비타민 E

● 비타민 A는 어두운 곳의 시각작용을 담당하는 간상세포에서 옵신과 결합하여 색소 단백질인 로돕신을 생성한다.

91. 고단백 식사를 할 경우 요구량이 더욱 커지는 비타민은?

① 엽산
② 판토텐산
③ 비타민 B6
④ 비타민 B12
⑤ 비타민 C

● 흡수된 비타민 B6는 간에서 조효소 형태인 PLP로 전환되어 아미노산의 대사에 다양하게 작용한다. 따라서 고단백 식사 시 섭취량을 증가시켜야 한다.

답 88.② 89.② 90.② 91.③

92. 비타민 B12의 체내 기능에 관한 설명으로 옳지 않은 것은?

① methyl cobalamin의 형태로 핵산 합성에 관여하여 세포 분열과 성장을 돕는다.
② 동맥경화 유발 물질인 호모시스테인이 메티오닌으로 전환하는데 관여한다.
③ 혈액 내 호모시스테인 수준을 감소시켜 심장 혈관 질환의 위험을 줄인다.
④ 신경세포의 절연체 역할을 하는 수초의 기능을 유지시키는 작용을 한다.
⑤ 포도당, 지방산, 아미노산으로부터 에너지를 생성하는 산화 과정에 관여한다.

> ○ 비타민 B12는 메틸코발아민(methyl cobalamin)의 형태로 핵산 합성에 관여하여 세포분열과 성장을 돕는다. 호모시스테인이 메티오닌으로 전환에 관여하며, 호모시스테인 수준을 감소시켜 심장 혈관 질환의 위험을 막아준다. 또한, 신경세포의 수초 기능을 유지시키는 작용을 한다.

93. 지방산, 콜레스테롤, 아세틸콜린, 스테로이드호르몬 합성에 관여하는 수용성 비타민은?

① 엽산   ② 비오틴   ③ 비타민 B6
④ 비타민 B12   ⑤ 판토텐산

> ○ 판토텐산은 CoA의 구성 성분으로서 아세틸화 반응을 포함하여 영양소의 산화 과정 및 지방산, 콜레스테롤, 스테로이드 등의 지질 합성, 신경전달물질 합성 등의 반응에 관여한다.

94. 안구건조증, 비토반점, 모낭각화증, 성장지연 등의 결핍증을 나타내는 영양소는?

① 티아민   ② 니아신   ③ 비타민 A
④ 비타민 D   ⑤ 비타민 E

> ○ 비타민 A가 결핍되면 야맹증, 안구건조증, 모낭각화증, 감염성 질환, 시력 상실, 뼈와 치아 발달의 손상 등의 증상이 나타난다.

95. 암 적응 반응 · 항산화작용 · 면역력 증진 · 상피세포분화 기능을 수행하는 비타민의 섭취가 부족할 경우 나타나는 결핍증은?

① 안구건조증   ② 용혈성 빈혈   ③ 피부병   ④ 신경장애   ⑤ 괴혈병

> ○ 비타민 A는 시력에 관여하며, 세포분화와 면역 기능 등에 관여한다. 비타민 A의 전체인 카로티노이드는 체내에서 황산화작용을 한다.

96. 섭취량이 부족할 때 상피세포의 점액 분비가 저하되어 각질화를 초래하는 영양소는?

① 티아민   ② 니아신   ③ 비오틴   ④ 비타민 A   ⑤ 비타민 E

> ○ 비타민 A는 암 적응, 상피세포의 건강 유지에 중요한 영양소이다. 부족하면 상피세포의 점액 분비가 저하되어 각질화를 초래한다.

답 92.⑤ 93.⑤ 94.③ 95.① 96.④

97. 비타민 D의 체내 기능으로 옳은 것은?

① 소장에서 칼슘과 인의 흡수 촉진
② 신장에서 칼슘과 인의 배설 촉진
③ 뼈에서 칼슘과 나트륨의 용출 촉진
④ 혈중 칼슘 농도 상승 시 재흡수 촉진
⑤ 혈중 칼슘 농도 저하 시 석회화 촉진

○ 비타민 D는 부갑상선 호르몬과 함께 혈장의 칼슘 항상성을 유지하는 역할을 한다. 혈액의 칼슘 농도 감소 → 부갑상선 호르몬 분비 → 신장에서 비타민 D의 활성 촉진 → 비타민 D의 작용에 의해 혈장 칼슘 농도 증가
• 소장 세포에서 칼슘과 인의 흡수 촉진
• 파골세포에서 뼈의 칼슘이 혈액으로 용해되어 나오는 것을 촉진
• 신장에서 칼슘의 재흡수 촉진

98. 비타민 D의 섭취에 관한 설명으로 옳은 것은?

① 20~49세 성인의 1일 충분섭취량은 $10\mu g$이다.
② 1일 상한섭취량 $100\mu g$을 초과하지 않도록 권장한다.
③ 섭취 부족 시 고칼슘혈증을 일으켜 연조직을 석회화한다.
④ 어린이, 청소년, 임산부, 노인들의 1일 충분 섭취량은 $20\mu g$이다.
⑤ 과잉 섭취 시 칼슘이 혈관벽에 침착하거나 신결석을 초래할 수 있다.

○ 20~49세 성인의 1일 충분 섭취량은 $5\mu g$이며 1일 상한섭취량은 $60\mu g$을 초과하지 않도록 권장한다. 어린이, 청소년, 임산부와 노인 등의 1일 충분 섭취량은 $10\mu g$이다. 과잉 섭취 시 혈관에 침착하거나 신결석을 초래할 수 있다.

99. 피부에는 존재하는 비타민 D의 전구체로 자외선을 받아 비타민 D3로 전환되는 물질은?

① 24,25-(OH)2-D3 ② 7-dehydrocholesterol ③ 25-OH-D3
④ 1,25-(OH)2-D3 ⑤ 24,25-(OH)2-D3

○ 7-dehydrocholesterol은 피부에 존재하며 자외선에 의해 비타민 D3으로 전환된다.

100. 비타민 D에 대한 설명으로 옳은 것은?

① 비타민 D는 7-dehydrocholesterol로부터 간에서 합성된다.
② 비타민 D는 갑상선 호르몬과 함께 혈액의 칼슘 항상성에 관여한다.
③ 비타민 D는 간에서 1,25(OH)2 비타민 D로 활성화되어 생리적 기능을 수행한다.
④ 활성화된 비타민 D는 간과 신장에서 칼슘의 재흡수, 뼈에서 칼슘을 용출시켜 혈액 내 칼슘의 농도를 증가시킨다.

탑 97.① 98.⑤ 99.② 100.④

⑤ 비타민 D의 좋은 급원 식품은 어간이다.

➚ 피부에서 7-디히드로콜레스테롤이 햇빛 중의 자외선을 받아 비타민 D를 합성한다. 비타민 D는 간과 신장에서 산화되어 1,25(OH)2 비타민 D로 활성화된다. 혈액의 칼슘 농도가 감소하면 부갑상선 호르몬이 분비되어 신장에서 활성형 비타민의 형성을 촉진한다. 활성화된 비타민 D는 소장에서 칼슘과 인의 흡수 촉진, 신장에서 칼슘의 재흡수 증가, 파골세포에서 뼈의 칼슘이 혈액으로 용해되어 나오는 것을 촉진시켜 혈액의 칼슘 농도를 높인다.

101. 한국인 영양섭취 기준에서 임신하기 전의 권장섭취량(또는 충분섭취량)에 대한 임신기 권장섭취량(또는 충분섭취량)의 비율이 가장 크게 증가하는 영양소는?

① 비타민 A ② 비타민 D ③ 비타민 E
④ 비타민 K ⑤ 비타민 C

➚ 임신 중에는 거의 모든 영양소의 권장섭취량이 증가되고 대사도 항진된다. 그중 비타민 D의 권장섭취량은 임신 전에 비하여 2배로 증가된다. 반면 인, 나트륨, 염소, 칼륨, 불소, 망간, 비오틴, 비타민 E, 비타민 K는 임신 전과 비교하여 추가로 섭취하지 않아도 된다.

102. 비타민 K에 의해 간에서 활성화되는 인자와 그 기능의 연결로 옳은 것은?

① 칼시토닌 - 석회화 ② 프로트롬빈 - 혈액응고
③ 피브리노겐 - 혈전용해 ④ 오스테오칼신 - 뼈용해
⑤ 트롬보플라스틴 - 혈액응고

➚ 비타민 K는 간에서 혈액응고 인자인 프로트롬빈의 합성을 촉매한다.

103. 비타민과 결핍증의 연결이 옳은 것은?

① 비타민 A - 통풍 ② 비타민 D - 신결석 ③ 비타민 E - 악성빈혈
④ 비타민 K - 신생아 출혈 ⑤ 비타민 B12 - 용혈성 빈혈

➚ 부족하면 비타민 A는 야맹증, 안구건조증, 비타민 D는 구루병, 골연화증, 골다공증, 비타민 E는 용혈성 빈혈, 비타민 K는 신생아 출혈이 발생한다.

104. 결핍 시 용혈성 빈혈을 일으키는 영양소와 급원 식품의 연결로 옳은 것은?

① 비타민 A - 당근 ② 비타민 C - 바나나
③ 비타민 D - 팽이버섯 ④ 비타민 E - 식물성 기름
⑤ 비타민 K - 푸른잎 채소

➚ 비타민 E는 부족하면 용혈성 빈혈을 일으키며 식물성 기름, 씨앗, 녹황색 채소, 아스파라거스 등에 풍부하다.

105. 생리 활성이 가장 큰 비타민 E와 급원 식품의 연결이 옳은 것은?

① α-토코페롤 – 우유   ② α-토코페롤 – 식용유

③ β-토코페롤 – 토마토   ④ β-토코페롤 – 칼슘 두유

⑤ β-토코페롤 – 등푸른생선

   ❍ 비타민 E의 생리 활성은 α-d-토코페롤이 가장 크며 식품 내 함량은 불포화지방산과 밀접한 관계가 있어 식물성 기름, 밀의 배아, 땅콩, 아스파라거스 등에 많이 존재한다.

106. 섭취량이 부족할 때 용혈성 빈혈이나 신경장애를 초래하는 영양소는?

① 요오드   ② 비타민 A   ③ 비타민 C

④ 비타민 E   ⑤ 마그네슘

   ❍ 비타민 E가 부족하면 세포는 쉽게 산화적 손상을 받게 된다. 특히 적혈구는 지질막에 있는 다가불포화지 방산의 산화로 세포막이 파괴되어 적혈구가 소실되면서 용혈성 빈혈이 발생하게 된다. 비타민 E는 신경전달 을 돕는 수초의 형성에 관여한다.

107. 수용성 비타민과 조효소의 연결이 옳은 것은?

① 티아민 – THF   ② 리보플라빈 – NAD   ③ 니아신 – FAD

④ 피리독신 – PLP   ⑤ 엽산 – FMN

   ❍ 티아민의 조효소는 TPP, 리보플라빈의 조효소 형태는 FAD, 니아신의 조효소 형태는 NAD, 피리독신의 조효소 형태는 PLP이고 엽산의 조효소 형태는 THF이다.

108. 티아민, 니아신, 비타민 B6가 공통적으로 관여하는 역할은?

① 에너지 생성   ② 수소 전달   ③ 신경장애 예방

④ 빈혈 예방   ⑤ 피부병 예방

   ❍ 티아민은 에너지 대사 중추신경계 안정에 기여하고, 니아신은 부족하면 펠라그라 증상이 나타난다. 펠라 그라는 피부병, 설사, 신경장애, 사망의 4단계로 진행된다. 비타민 B6는 부족하면 피부병, 신경장애, 빈혈이 나타난다.

109. 부족하면 피부병, 신경장애, 빈혈 증상이 나타나며, 단백질 대사에 관여하는 비타민은?

① 엽산   ② 비오틴   ③ 판토텐산

④ 비타민 B6   ⑤ 비타민 B12

   ❍ 비타민 B6는 헤모글로빈의 포르피린 고리 구조 합성에 관여하며 판토텐산은 헴의 구성 성분인 프로토포 르피린 합성에 관여한다. 엽산과 비타민 B12는 결핍 시 거대적아구성 빈혈이 발생한다.

답   105.②   106.④   107.④   108.③   109.④

110. 35세 여성의 1일 평균 비타민 C 섭취량이 권장섭취량 100mg보다 낮은 30mg으로 나타났다. 이때 나타날 수 있는 증세의 연결이 옳은 것은?

① 부족 – 잇몸 출혈　　② 부족 – 통풍 악화　　③ 적당 – 상처 치유
④ 적당 – 갈색 피부　　⑤ 과잉 – 면역 저하

  ◐ 35세 여성의 1일 비타민 C 권장량은 100mg이다. 비타민 C는 결합조직의 정상적 기능 유지, 항산화 활성, 철 흡수를 돕는 기능을 한다. 또한, 비타민 C는 면역계에 중요한 역할과 해독작용에도 관여한다.

111. 철분의 흡수에서 비타민 C의 작용을 바르게 설명한 것은?

① 철분과 킬레이트를 형성하여 흡수율을 증가시킨다.
② 철분과 킬레이트를 형성하여 흡수율을 저하시킨다.
③ 3가 철이온이 흡수되기 좋은 형태인 2가의 철이온으로 전환시켜 철분의 흡수율을 높인다.
④ 2가 철이온이 흡수되기 좋은 형태인 3가의 철이온으로 전환시켜 철분의 흡수율을 높인다.
⑤ 식이 내 비헴철을 헴철로 전환시켜 흡수율을 증가시킨다.

  ◐ 2가의 철이온은 3가의 철이온에 비해 불안정하나 장내에서 쉽게 침전되지 않고 수용액 내에 존재하므로 소장점막의 흡수 세포까지 쉽게 도달할 수 있다.

112. 비타민 K의 흡수를 돕는 물질은?

① 위산　　　　② 핵산　　　　③ 펩신　　　　④ 담즙　　　　⑤ 췌액

  ◐ 모든 지용성 비타민의 흡수에는 어느 정도 지방과 담즙이 필요하므로, 지방 흡수가 부족하면 비타민 K의 흡수에도 문제가 발생하여 혈액응고 시간이 연장된다.

113. 혈액응고작용을 하는 비타민과 급원 식품의 연결로 옳은 것은?

① 비타민 A – 녹황색 채소
② 비타민 A – 식물성 기름
③ 비타민 K – 푸른잎 채소
④ 비타민 K – 저지방 우유
⑤ 비타민 B_6 – 등푸른생선

  ◐ 비타민 K는 혈액응고 관련 인자 생성의 촉매작용에 관여하며, 푸른잎 채소와 간에 풍부하다.

114. 체내에서 트립토판으로부터 전환되고 산화 환원 반응의 조효소로 작용하는 비타민은?

① 티아민   ② 리보플라빈   ③ 니아신   ④ 피리독신   ⑤ 코발아민

　❸ 60mg의 트립토판이 1mg의 니아신으로 전환된다.

115. 신체 수분 손실량이 어느 정도이면 탈수 상태가 되는가?

① 2%   ② 4%   ③ 10%   ④ 20%   ⑤ 40%

　❸ 체내 수분이 2% 손실되면 갈증을 느끼고, 10% 손실되면 탈수 증세가 나타나며, 20% 이상 손실되면 생명이 위험하다.

116. 혼수나 사망에 이르게 되는 신체 수분 손실량은 어느 시점부터인가?

① 2%   ② 4%   ③ 10%   ④ 20%   ⑤ 40%

117. 세포 내외 수분 이동의 원동력은?

① 여과   ② 삼투   ③ 확산   ④ Na-K 펌프   ⑤ 운반체 이동

　❸ 삼투는 반투성 세포막을 두고 용매가 저농도에서 고농도로 이동하는 형태이다.

118. 수분 함량이 가장 적은 세포는?

① 지방세포   ② 근육세포   ③ 혈액세포   ④ 신경세포   ⑤ 심근세포

　❸ 일반적으로 세포내액은 60%에 해당되는 반면, 지방세포는 거의 대부분이 지방으로 채워진다.

119. 체액에 관한 설명으로 옳은 것은?

① 신체의 구성 성분으로 연령 증가에 따라 수분 구성 비율이 증가한다.
② 수분은 비열이 작아서 안정된 체온을 유지할 수 있다.
③ 세포 내에서 발생하는 화학 반응의 용매 역할을 한다.
④ 장기를 둘러싸서 외부에 충격을 가할 수 있다.
⑤ 뼈와 근육의 운동에 윤활제 역할을 한다.

　❸ 수분은 세포 내에서 발생하는 화학 반응의 용매로, 연령이 증가함에 따라 수분 구성 비율은 감소하며, 비열이 커서 안정된 체온을 유지시킨다. 외부 충격으로부터 장기를 보호해주고 관절 운동의 윤활제로 작용한다.

답 114.③   115.③   116.④   117.②   118.①   119.③

120. 조제 분유는 모유의 성분과 가장 유사하게 분유를 조제하여 만든 것이다. 우유보다 모유에 더 많이 함유된 성분으로 옳은 것은?

① 리놀레산, 유당   ② 칼슘, 철분   ③ 단백질, 유당
④ 시스틴, 칼슘   ⑤ 리놀렌산, 단백질

　◐ 우유에는 모유보다 유당, 불포화지방산이 적다.

121. 영아가 설사할 때 처치 법 중 옳지 않은 것은?

① 수분, 나트륨, 칼륨 등의 보충이 필요하다.
② 젖산 음료와 주스는 장내에서 발효되기 쉬우므로 피한다.
③ 설사가 심하면 수분 섭취를 당분간 제한한다.
④ 아기가 물을 잘 먹지 않으면 약간 달게 해서 준다.
⑤ 분량을 줄이기 위해 물을 먹이고 젖을 준다.

122. 영아의 단위 체중당 열량 필요량이 성인에 비해 높은 이유는?

① 소화기의 구조와 기능이 미숙하기 때문이다.
② 식품 이용을 위한 에너지 소모량이 크기 때문이다.
③ 단위 체중당 체표면적이 성인보다 크기 때문이다.
④ 성인에 비해 수면 시간이 길기 때문이다.
⑤ 단위 체중당 수분 필요량이 높기 때문이다.

[최신]
식품위생관리사시험 예상문제집

2022년	3월	23일	1판	1쇄	인 쇄
2022년	3월	30일	1판	1쇄	발 행

지 은 이 : 식품위생관리사시험 편찬위원회
펴 낸 이 : 박 정 태

펴 낸 곳 : **광 문 각**

10881
경기도 파주시 파주출판문화도시 광인사길 161
광문각 B/D 4층
등   록 : 1991. 5. 31 제12-484호
전 화(代) : 031) 955-8787
팩   스 : 031) 955-3730
E - mail : kwangmk7@hanmail.net
홈페이지 : www.kwangmoonkag.co.kr

ISBN : 978-89-7093-793-9   93590

값 : 23,000원

한국과학기술출판협회회원